von der Oelsnitz et al.

Von Stromschlägen und Marshmallows

von der Oelsnitz et al.

VON STROMSCHLÄGEN UND MARSHMALLOWS

Wie Führungskräfte von psychologischen Experimenten profitieren

Verlag Franz Vahlen München

vahlen.de

ISBN Print: 978 3 8006 7382 7
ISBN E-Book (ePDF): 978 3 8006 7383 4
ISBN E-Book (ePub): 978 3 8006 7384 1

Wilhelmstr. 9, 80801 München
Druck und Bindung: Beltz Grafische Betriebe GmbH
Am Fliegerhorst 8, 99947 Bad Langensalza

Satz: Fotosatz Buck, Zweikirchener Str. 7, 84036 Krumhausen
Produktion: Sieveking Agentur, München
Umschlag: Ralph Zimmermann – Bureau Parapluie
Bildnachweis: © ylivdesign – depositphotos.com (Personen mit Blitz auf U1),
© paulkovaloff@gmail.com – depositphotos.com (Marshmallows)
© Passatic – depositphotos.com (Blitze im Innenteil, modifiziert)

myclimate shape our future

vahlen.de/nachhaltig

Gedruckt auf säurefreiem, alterungsbeständigem Papier
(hergestellt aus chlorfrei gebleichtem Zellstoff)

Inhaltsverzeichnis

Geleitwort

Experimente gelten als Königsweg zur Erforschung von Kausalzusammenhängen. Sie finden in verschiedenen Disziplinen Anwendung – zum Beispiel in der Psychologie zur näheren Erkennung und Beschreibung menschlichen Verhaltens, in der Soziologie zur Analyse sozialer Beziehungen oder in den Wirtschaftswissenschaften zur Untersuchung des Verhaltens einzelner Marktakteure (Anbieter, Kunden, Lieferanten etc.). Experimente können somit dabei helfen, bestehende Meinungen oder bereits vorhandenes Wissen zu überprüfen. Sie liefern zudem eine nützliche Grundlage, um forschungsseitige Vermutungen zu testen, neue Theorien zu entwickeln oder bestehende Denkmodelle weiter zu verfeinern. Und nicht zuletzt vermögen sie – ihre intime Kenntnis vorausgesetzt – die Qualität der betrieblichen Entscheidungen und des innerbetrieblichen Handelns signifikant zu verbessern.

Die in diesem Buch versammelten Texte dienen diesem Ziel und beleuchten klassische, experimentgestützte Forschungsprojekte der älteren und jüngeren Vergangenheit, die unser Wissen über das menschliche Verhalten (gerade auch in ganz speziellen Situationen) mit der Zeit immer weiter verfeinert und vertieft haben. Die soziale Wirklichkeit um uns herum wird somit greifbarer. Die einzelnen, in diesem Buch erzählten »Forschungsgeschichten« liefern gute Einblicke, wenngleich längst noch kein vollständiges Bild. Allein für sich sind sie schon wertvoll – aber erst in der integrativen Zusammenfügung der Einzelexperimente werden wesentliche Grundzüge und Zusammenhänge des menschlichen Denkens, Fühlens und Handelns tatsächlich sichtbar. Wir haben diese Geschichten vier zentralen Rubriken zugeordnet: *Leadership, Teams, Organisationaler Wandel* und *Krise & Resilienz.*

Da es sich zum Teil um zeitlich bereits länger zurückliegende Pioniertaten handelt, sind manche Versuchsanordnungen oder auch Schlussfolgerungen für uns Heutige gewöhnungsbedürftig; sie würden in unserem Jahrhundert in bestimmten Details so wohl nicht mehr durchgeführt werden. Die Grenzen des Sag- und Forschbaren sind enger geworden – das kann sowohl Vorteile als auch Nachteile bedeuten. Dies alles ändert jedoch nichts an ihrem überzeitlichen Wert und ihrem anhaltenden Nutzen. Vielleicht lässt es sich so ausdrücken: Analog zur biologischen DNA konnte durch die hier vorgestellten Experimente (und die Wissenschaftler, die sie erdacht und durchgeführt haben) bereits ein Großteil der menschlichen »Verhaltens-DNA« entschlüsselt werden.

Die Verfasser danken Frau Joanne Lehmann und Frau Helen Herbote für ihre jederzeit umsichtige Unterstützung bei der Umsetzung unserer Vorgaben. Wir danken zudem unserem Lektor, Herrn Ralf During, für seine nimmermüde Diskussionsbereitschaft und Toleranz.

Für das Autorenkollektiv
Dietrich von der Oelsnitz, 15. Mai 2024

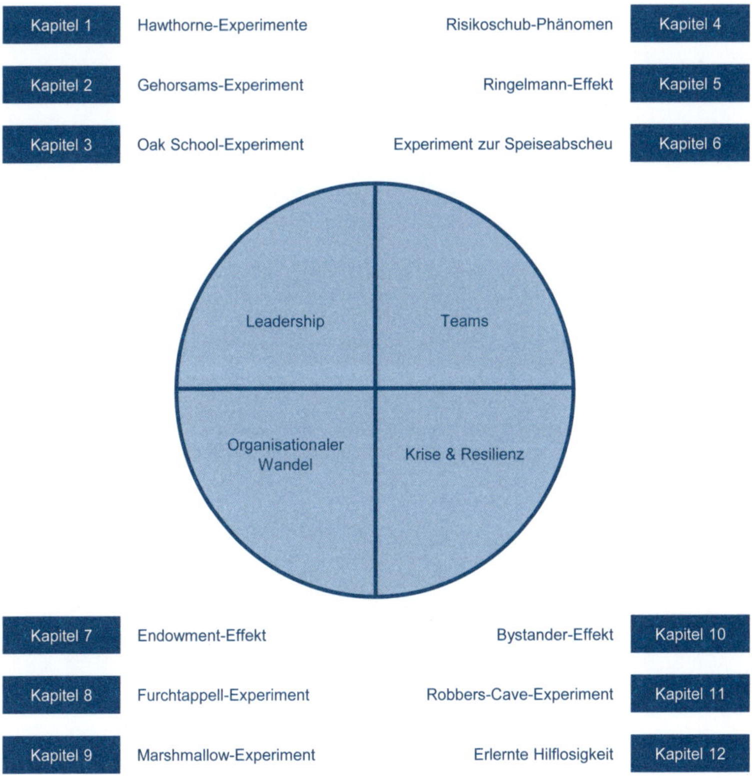
Kapitel 1
Hawthorne-Experimente
Risikoschub-Phänomen
Kapitel 4
Kapitel 2
Gehorsams-Experiment
Ringelmann-Effekt
Kapitel 5
Kapitel 3
Oak School-Experiment
Experiment zur Speiseabscheu
Kapitel 6
Leadership
Teams
Organisationaler Wandel
Krise & Resilienz
Kapitel 7
Endowment-Effekt
Bystander-Effekt
Kapitel 10
Kapitel 8
Furchtappell-Experiment
Robbers-Cave-Experiment
Kapitel 11
Kapitel 9
Marshmallow-Experiment
Erlernte Hilflosigkeit
Kapitel 12

Kapitel 1

Sind Menschen am Arbeitsplatz produktiver, wenn man sich ihnen auch persönlich zuwendet?

Das Unternehmen als soziale Gemeinschaft
(Elton Mayo)

Episode 1

Frau Weinert kümmert sich sehr um einen Faktor in ihrer Abteilung, den sie für besonders wichtig hält: die soziale Hinwendung zu ihren Beschäftigten. So denken aber längst nicht alle Vorgesetzten ihres Unternehmens – die meisten schauen nur auf die erzielten Arbeitsresultate. Oder versuchen, ihren Mitarbeitern mal eine kleine Gehaltserhöhung zu verschaffen. Andere meinen, ein wenig Druck wäre ergebnisfördernd, Qualität käme eben von Qual. Wieder andere glauben, die Produktivität ihrer Beschäftigten würde durch die Rahmenbedingungen der Arbeit erhöht, zum Beispiel eine gezielte Verschönerung der Kantine.
In einem scheinen sich aber offenbar alle Führungskräfte einig: Es besteht ein Zusammenhang zwischen Arbeitszufriedenheit und Arbeitsproduktivität. Könnte 'was dran sein. Bloß was erzeugt am Ende wirkliche Zufriedenheit am Arbeitsplatz?

I. Aufbau und Ablauf der Hawthorne-Experimente

Dass der sog. zwischenmenschliche Faktor Einzug in die Managementlehre hält, ist eigentlich einem Zufall zu verdanken: Die Wege der Erkenntnis verlaufen auch in der Arbeitspsychologie nicht immer geradlinig. Dies zeigt sich besonders in der Arbeit **George Elton Mayos**. Mayo, geboren 1880 in Australien, studierte anfänglich Medizin (abgebrochen 1903), dann Logik und Philosophie. Über verschlungene Wege kam er schließlich zur Betriebspsychologie. Er lehrte diese zunächst in Queensland, emigrierte dann in die USA und wurde dort 1927 – unterstützt von einer großzügigen Spende John D. Rockefellers, der ihm persönlich eine eigene Professur an der Harvard Business School finanzierte – Professor für industrienahe Forschung (Industrial Research).

Sein Ruhm und seine Bedeutung für die Managementlehre entstanden nur langsam, denn Mayos zentraler Ansatz, die sog. *Human Relations,* besaßen zunächst eine überraschend andere Stoßrichtung: Es ging vor allem um die Überwindung (oder besser: Vermeidung) ökonomischer Klassenkämpfe – Arbeiterunruhen sind eben nicht gut für das Geschäft. Die »Kapitalisten« sahen deutlich das enorme Sprengpotential der durch das bestehende Wirtschaftssystem nach und nach erzeugten Ungleichgewichte. Die Kräfte von Kapital und Arbeit wirkten insgesamt eher gegen- als miteinander.

Etwa zu dieser Zeit gab es in den USA noch einen anderen Vordenker: einen systematisch-empirisch vorgehenden Praktiker namens **Frederick Taylor**. Taylor war als Ingenieur von Henry Ford zunächst vor allem ergonomisch interessiert. Als gläubiger Christ widerstrebte es ihm, die Betriebsleistung, wie damals allgemein üblich, allein durch längere Arbeitszeiten oder noch härtere Arbeit zu steigern und die Beschäftigten auf diese Weise schleichend auszuzehren (vgl. von der Oelsnitz, 2009). Seiner Meinung nach sollte daher nicht härter, sondern intelligenter gearbeitet werden. Kurz: Taylor sah vor allem das Management in der Pflicht. Demgemäß wollte er die betrieblichen Arbeitsabläufe u. a. durch eine rationale Organisationsgestaltung, die körpergerechte Gestaltung von Werkzeugen sowie eine intelligentere Personalauswahl verbessern.

Als typischem Kind seiner Zeit waren Taylor die sozialen Bedingungen am Arbeitsplatz weniger wichtig. Ihm ging es vorrangig um die *Schaffung effizienter Regelungssysteme* in Unternehmen. Erst viel später knüpfte Taylor stärker an die sog. *Psychotechnik* an. Dieser Begriff stammte ursprünglich von **William Stern**, einem emigrierten deutschen Psychologen, der als Begründer der sog. Differentiellen Psychologie gilt und u.a. den Intelligenzquotienten »IQ« entwickelte. Stern sah sich in besonderer Weise der angewandten Psychologie verpflichtet und interessierte sich sehr für die Lehre von der richtigen »Menschenbehandlung«. Seine »Psychotechnik« ging davon aus, dass die Produktivität von Arbeitnehmern v.a. durch eine systematische Berücksichtigung *psychologischer Arbeitsfaktoren* gesteigert werden könne. Hatte sich Taylor primär auf körperliche Merkmale seiner Arbeiter konzentriert (Größe, Gewicht, Muskelstärke etc.), zielten diese ersten Vertreter der Psychotechnik nun eher auf deren psychische Merkmale (Lernfähigkeit, mentale Belastbarkeit, Flexibilität etc.).

Beide Herangehensweisen eint indes die Ansicht, dass eben der »richtige Mann an den richtigen Arbeitsplatz« gehört – dass also eine bestimmte Arbeit nur durch einen dazu passenden Arbeitertyp wirklich effektiv ausgeführt werden könne. Ergänzend sollte dann von der Unternehmensleitung versucht werden, die für diesen Typ jeweils geeigneten Arbeitsbedingungen herzustellen. Im Blickpunkt stehen in den 1920er Jahren die Art der Beleuchtung des jeweiligen Arbeitsraumes, die Lage und Dauer der Arbeitszeit, die Höhe der Raumtemperatur oder die Pausenregelungen. Und hier kommt nun endlich Elton Mayo ins Spiel. Dieser hatte inzwischen auch sein beachtliches psychotherapeutisches Talent entdeckt. Vor allem die Krankheiten (!) und sozialen Probleme des aufkommenden Industriezeitalters interessierten Mayo – er soll sich in den von ihm analysierten Unternehmen und Krankenhäusern gelegentlich sogar wie ein Arzt gekleidet haben.

An seiner neuen Wirkungsstätte in Harvard wollte nun auch Mayo forschen. Hierzu bildete er zunächst in seinem Sinne geschulte Interviewer aus. In Chicago wurden dann von 1924 bis 1932 systematisch Studien durchgeführt, die herausfinden sollten, wie die Leistung der dort ansässigen Arbeiter weiter gesteigert werden könnte. Vergleichbare Untersuchungen wurden bereits in England vom *Industrial Fatigue Research Board* betrieben. Als aktiven Mit-Initiator dieser Studie in Chicago wählten Mayo und seine Mitarbeiter für ihren Teil der Studie ein Tochterunternehmen der amerikanischen Telefongesellschaft AT&T: die *Western Electric Company.* Dieses Unternehmen hatte etwa 29.000 Beschäftigte und baute Telefone und zugehöriges Equipment. Es hatte einen guten Ruf und bezog einen Großteil seiner Reputation aus seiner modernen Personalpolitik.

In der in Hawthorne ansässigen Fabrik der *Western Electric Company* wurde Mayo nun als ausgebildeter Soziologe zunächst zur Interpretation der komplexen Daten der früheren Hawthorne-Untersuchungen herangezogen. Ab 1929 leitete er dann eigenverantwortlich einen weiteren Teil der dortigen Studien, was sich u.a. in sechs Monografien und über 30 Aufsätzen mit genauer Ergebnisdarstellung niederschlug. Viele Untersuchungen wurden dabei in Abteilungen durchgeführt, in denen weibliche Arbeitskräfte feinmechanische Tätigkeiten ausübten.

Zu den **Hawthorne-Experimenten** zählen vor allem:

- die sog. Beleuchtungsstudien (1924–1927)
- die Experimente im Relay Assembly-Testraum (1927–1932)
- das »Interviewing Program« (1928–1932)
- die sog. Beobachtungsstudien im Bank Wiring Observation Room (1931–1932) sowie
- das »Personnel Counseling-Program« (1936–1956).

Im besonders lehrreichen »Interviewing Program« wurden insgesamt mehr als 21.000 Mitarbeiterinnen und Mitarbeiter über deren unmittelbare Arbeitserfahrungen befragt. Die später ausgebauten Gesprächsprotokolle wurden von einer Auswertungsabteilung inhaltsanalytisch durchgearbeitet und danach – nach bestimmten Themen sortiert – als Diskussionsgrundlage für die seit 1926 verstärkt betriebene Führungskräfteschulung genutzt. Im Verlauf von Anschluss-Studien befragten Spezialisten weitere Arbeiter und führten zum Teil auch sehr persönliche Gespräche mit ihnen. Ziel war es hier, die generelle Kooperationsbereitschaft der Arbeiter zu fördern und zugleich ihr Zugehörigkeitsgefühl zum Unternehmen zu stärken (vgl. von Rosenstiel et al., 2005).

II. Ergebnisse

Auch Mayos Forscherteam versucht zunächst, durch eine kontrollierte Variation verschiedener Arbeitsbedingungen die menschliche Produktivität im Werk zu verbessern. Dabei entdeckte man aber mehr oder weniger zufällig einen interessanten Zusammenhang: Im Verlauf der Studien zeigte sich, dass allein die *Anwesenheit* der Wissenschaftler deren Leistung steigerte.

Aber von vorne: Gegenstand der Untersuchungen war zunächst der Einfluss der Arbeitsräume und der Arbeitsbeleuchtung auf die Leistung von Arbeiterinnen, die u.a. feinmechanisch Schaltdrähte auf kleine Metallplatten löten. Von den oben genannten Untersuchungsreihen bringt das *Bank Wiring Room-Experiment* die entscheidende Beobachtung. Variiert wird von Mayo hier die Beleuchtungsstärke in den Montagehallen. Dies gilt allerdings nur für eine Gruppe von Arbeiterinnen; die andere Gruppe, eine in der experimentellen Forschung übliche Kontrollgruppe, wird ebenso in das Experiment einbezogen, jedoch bleiben dort alle Design-Parameter unverändert.

Das überraschende Ergebnis: Während der verschiedenen Lichteinstellungen stiegen die Leistungen kontinuierlich an, und zwar **auch bei der Kontrollgruppe!** Dies gilt selbst für eine anschließend vorgenommene, faktische Verschlechterung der Lichtverhältnisse – auch hier kein Leistungsverlust im Arbeitsraum. Es wird letztlich das erzeugt, was in der Medizin als Placebo-Effekt bekannt ist – der Patient vertraut einem Medikament, das nur ein Muster ohne Wert ist. Die heilende Wirkung tritt mit der Zeit dennoch ein!

Ebenfalls interessant: Eine spätere Auswertung der geführten Interviews von Mayos Mitarbeitern Dickson und Roethlisberger (1966) ergab ferner, dass unter den 331 männlichen und 405 weiblichen Angestellten die häufigsten Leidensquellen bei den Männern waren: Karriereprobleme (18,7 %), an zweiter Stelle Unzufriedenheit mit der Arbeit oder dem Lohn (18,4 %) sowie an dritter Stelle private Beziehungsschwierigkeiten (16,3 %). Bei den 405 Frauen standen beinahe geschlechtsrollentypisch an erster Stelle private Beziehungsprobleme (31,6 %), an zweiter Stelle Unzufriedenheit mit der Arbeit und/oder der Entlohnung (18,3 %) sowie schließlich – erst an dritter Stelle! – Probleme zwischenmenschlicher Beziehungen am Arbeitsplatz (14,8 % der Fälle).

III. Was können wir aus diesen Experimenten lernen?

Natürlich sucht Mayo nach einer plausiblen Erklärung – am Ende glaubt er, dass die Produktivität der Arbeiterinnen allein schon dadurch gestiegen ist, dass sie aus Dankbarkeit und gewachsenem Selbstwertgefühl besonders motiviert sind – schließlich kümmerte sich ein Gelehrter um ihre Bedürfnisse! Es ist also vermutlich der Stolz, als Teil eines für die Firma wichtigen Experiments unter aufmerksamer Beobachtung durch Harvard-Wissenschaftler zu stehen. Mayo schließt aus dieser Erfahrung auf die Kraft sozialer Phänomene und generalisiert seine Beobachtungen: Mitarbeiter werden nicht nur durch materielle Anreize (zum Beispiel mehr Lohn) oder formale Arbeitsbedingungen (zum Beispiel die Lage der Arbeitszeiten) motiviert, sondern vor allem durch menschliche Zuwendung und kollegiale Unterstützung.

Dies ist nicht weniger als eine Sternstunde der verhaltenswissenschaftlich orientierten Managementlehre. Was uns heute selbstverständlich ist, damals aber kaum jemand beachtete: Es geht beim alltäglichen Arbeiten eben immer auch um »Human Relations«, d. h. um die Qualität der zwischenmenschlichen Beziehungen – um Zuwendung, Akzeptanz und Respekt!

Das Resultat der Mayo-Studie geht als *Hawthorne-Effekt* in die Forschungsgeschichte ein und lässt sich zu großen Teilen auch auf die Führung von Gruppen bzw. Teams übertragen. Dies ist wichtig, weil eine (Arbeits-)Gruppe natürlich ebenfalls Führungsimpulse setzt, die denjenigen des Vorgesetzten entsprechen oder widersprechen kann. Die Impulse können sich gegenseitig verstärken, aber eben auch neutralisieren und so dann das betriebliche Entscheidungssystem lähmen. Darüber hinaus eine weitere Lehre: Die Person, die offiziell von der Organisation bestellt wurde, muss nicht notwendigerweise auch die Person sein, die die Arbeitsgruppe *wirklich* führt, also motiviert und anleitet. Mayo widmet sich diesem Problem allerdings nicht weiter und neigt hier eher zu generalisierenden Befunden.

Die Hawthorne-Experimente gelten heute als Wende und Wegscheide der Managementforschung. Die Studie macht überdies deutlich, dass Arbeitnehmern oft mehr an der Veränderung von sozialen und emotionalen Faktoren ihrer Arbeitsumwelt gelegen ist als an materiellen Verbesserungen (zum Beispiel Lohnsteigerungen oder einem größeren Büro). Anreize und Belohnungen wirken zudem nur dann leistungssteigernd, wenn sie von langfristiger Natur sind; gelegentliche Boni oder kurze Streicheleinheiten verpuffen.

Nach einer neueren Studie gibt es hierbei eine Ausnahme und einen Schönheitsfehler: Wenn eine Belohnung weniger von der täglichen Leistung abhängt, wie zum Beispiel das fixe Grundgehalt, dann schadet sie dem Verhältnis zwischen intrinsischer Motivation und Produktivität nicht, da die intrinsische Motivation wahrscheinlich der *wichtigere* Einflussfaktor ist. Der Schönheitsfehler: Belohnungen, die streng an die Produktivität geknüpft sind, wie zum Beispiel Boni oder Provisionen, können mitunter die intrinsische Motivation (und damit letztlich die Leistung) negativ beeinflussen. In diesem Sinne sind direkte Anreize und intrinsische Motivation nicht unbedingt die »besten Freunde«, wenn es um die erwünschte Verbesserung von Arbeitsergebnissen geht (vgl. Cerasoli et al., 2014).

Diese Schlussfolgerungen zog auch Mayo: Er betont besonders den jeweils angewandten »Management Style« als wesentlichen Beitrag zur industriellen Produktivität, aber hebt auch die interpersonellen Fähigkeiten als mindestens genauso wichtig hervor wie die monetären Anreize oder das geschickte »Target-setting«.

Ferner erkannte Mayo:

- Die Job-Zufriedenheit steigt, wenn Arbeitnehmer die Bedingungen, unter denen sie arbeiten, mitbestimmen können. Dazu zählen insbes. die unmittelbare Arbeitsumgebung und das Setzen eigener Arbeitsziele und Arbeitsstandards.
- Der Gruppenzusammenhalt (Teamkohäsion) wächst mit intensivierter Interaktion und Kooperation.
- Job-Zufriedenheit und Output hängen weniger von der Entlohnungshöhe oder den physischen Arbeitsbedingungen zusammen als vielmehr von Qualität der Kooperation mit anderen und dem Gefühl des Respekts und der Wertschätzung durch die Unternehmensführung.

Im Übrigen ist vielleicht wissenschaftshistorisch immer noch interessant, dass die von Mayo und Mitarbeitern verfassten Erfahrungsberichte nach ihren diversen Gesprächen und Interventionen mit den Mitarbeiterinnen und Mitarbeitern bei der Geschäftsführung der Hawthorne-Werke keineswegs auf uneingeschränkte Zustimmung stießen. Die ersten Untersuchungsberichte von Mayo betonen, wie eigensinnig und erfolgreich die Gruppe der Mitarbeiterinnen ihre Normen gegenüber den weitgehend ergebnislosen Einflussversuchen des Managements zu verteidigen verstand. Diese Berichte waren für die Geschäftsführung offenbar so schwer verdaulich, dass sie die Publikation von Mayo auch noch in seiner deutlich abgeschwächten Form verzögerten. Das dann von seinen Schülern Roethlisberger & Dickson fertiggestellte Buch wurde erst 1939 publiziert.

Der Wissenschaftshistoriker Walter-Busch schreibt dazu in seinem Buch: »Mit zunehmender Verbreitung von Grundorientierungen der jungen Relations-Bewegung gewöhnte man sich indessen allmählich auch in höheren Managementkreisen an den Gedanken, dass zwischenmenschliche Beziehungsnetze im Betrieb als eigensinnige, einer eigenen Logik folgende soziale Systeme zu betrachten seien, und dass demzufolge selbst formell anordnungsbefugte Vorgesetzte solche informellen Sozialsysteme nicht einfach mit Befehlen in die gewünschte Richtung zu bewegen vermögen« (Walter-Busch, 1996, S. 177).

IV. Bedeutung und Kritik

Die Ergebnisse der Hawthorne-Studien wurden wegen der Weltwirtschaftskrise erst mit einiger Verzögerung in Mayos Buch *The Human Problems of an Industrial Civilization* (1933) beschrieben und dann erst deutlich später von einem seiner verdienstvollsten Mitarbeiter, Fritz Jules Roethlisberger, nahezu weltweit bekannt gemacht. Auf dieser Grundlage wird Mayo heute als Mit-Begründer und zentrale Figur der Human-Relations-Schule im Management anerkannt.

Elton Mayo selbst empfand sich vor allem als »Mentalhygieniker«, ihn faszinierten arbeitsbedingte Einstellungen, Krankheiten und Psychosen. Als universeller Geist war er aber eben auch an betriebssoziologischen, also gemeinschaftsbezogenen Phänomenen interessiert. An seiner Wirkungsgeschichte kann man über die reinen Resultate hinaus zwei Einsichten festmachen: Zum einen dürfen die methodischen Einwände, ja die bisweilen boshafte Kritik von Fachkollegen an der Hawthorne-Studie, nicht unerwähnt bleiben. Mayos Experimente galten nicht wenigen als »fake«.

Darüber hinaus könnte man auch zu anderen Schlussfolgerungen kommen – Menschen legen sich eventuell einfach mehr ins Zeug, wenn Forscher sie beobachten und kontrollieren. Überdies mehrten sich in den letzten Jahren die Zweifel, ob Mayo wirklich die Kontroll- und die Experimentalgruppe gleich behandelt hat. Zu lesen ist neuerdings, dass er die Frauen der Experimentalgruppe besser bezahlt hätte und allein so schon eine höhere Arbeitszufriedenheit erzeugt hätte. Ein weiterer Kritikpunkt macht sich an der Tatsache fest, dass Mayo & Schüler ihre Erkenntnisse und Vorschläge schnell unterschiedslos auf alle Organisationsformen übertragen, also generalisiert haben (vgl. Weinert, 1998).

Des Weiteren zeigt das Beispiel Mayos, wie schwierig es vor allem in den Sozialwissenschaften ist, generalisierbare Erkenntnisse an einzelnen Personen oder Testreihen festzumachen. Und schließlich verweisen Wissenschaftshistoriker darauf, dass bereits vor Mayo der nämliche Effekt bemerkt wurde, u. a. angeblich vom britischen Industriepsychologen C. Myers, der in den 1920er Jahren ebenfalls Ermüdungsstudien betrieben hatte. Dieser Zeitverzug könnte damit zusammenhängen, dass beide Studien erst Jahre später durch »Schüler« systematisch und breitenwirksam publiziert wurden. Ähnliches geschah ja auch Mayo, dessen Studien und Analysen, wie erwähnt, teilweise in die Jahre der globalen Weltwirtschaftskrise (1932 ff.) fielen, eine Zeit, die später auch als »Große Depression« tituliert wurde und die Auswertungen der Studien mehrere Jahre auf Eis legte.

Obwohl es in der Gelehrtenwelt also bis heute unterschiedliche Meinungen über die zu ziehenden Schlussfolgerungen aus Mayos Befunden gibt, ist letztlich allen Wissenschaftlern bewusst, dass die Studien die Basis dafür gelegt haben, was wir heute als »Industrial Behavior« oder eben »Human Relations« am Arbeitsplatz verstehen. Was immer bleibt, ist die (uns heute selbstverständliche) Einsicht, dass der arbeitende Mensch eben nicht nur materiell entlohnt werden will (der Lohn quasi als »Schmerzensgeld« fungiert), sondern sein Unternehmen eben häufig auch als soziale Heimat betrachtet – in der er ja immerhin auch ein Großteil seines Lebens verbringt.

V. Transfer: Was bedeuten die Hawthorne-Experimente für die Führungspraxis?

Aus heutiger Sicht war die Human-Relations-Bewegung, die ab Ende der 1930er Jahre in den USA und ab 1945 auch in Europa zu großer Aufmerksamkeit gelangte, eine ganz wichtige Ergänzung zum bisherigen, vom Taylorismus und der Psychotechnik geprägten Leitungsverständnis. Dementsprechend stehen heute auf der Führungsebene nicht mehr so sehr die optimale Arbeitsvorbereitung oder bestimmte Kontrolltechniken im Vordergrund, sondern vor allem die Entwicklung eines tieferen Verständnisses im Bereich der Steuerung und Gesunderhaltung sozialer Beziehungssysteme. *Mentalhygiene* ist hier das Stichwort.

Nach Mayos Ansicht redeten Eigentümer, Führungskräfte, Gewerkschaften und Arbeitnehmer beständig aneinander vorbei. Letztere konnten in den Strukturen und Rezepten der industriellen Frühmoderne keine innere Befriedigung ihrer (Arbeits-) Bedürfnisse erlangen. Das strahlte auf ihre gesamte Lebenszufriedenheit ab und machte zornig. Die Inhaber und ihre Manager hingegen dachten, die Lösungen für die betrieblichen Probleme lägen in der stetigen Verbesserung der technischen Effizienz und einer intelligenteren Organisations- und Prozessgestaltung. Elton Mayo war als der vielleicht erste Industriepsychologe und -soziologe der richtige Mann zum Vermitteln. Er sah die menschlichen wie die betrieblichen Friktionen und bemühte sich um Hilfe. Seine universalistische Ausbildung kam ihm dabei sehr zugute. Mit ihm wird endlich der ganze Mensch gesehen – und nicht nur die »Ware Arbeitskraft«!

Die der humanistischen Psychologie sehr nahestehende Methode seiner Gesprächsführung mit Mitarbeitern entwickelte folgende Regeln:

- Schenken Sie der interviewten Person ihre ganze Aufmerksamkeit und zeigen Sie ihr dies ausdrücklich.
- Hören Sie aufmerksam zu, anstatt selber zu sprechen.
- Argumentieren Sie nie, und geben Sie keine Ratschläge.
- Achten Sie darauf, was die interviewte Person sagen möchte, was sie nicht sagen möchte und was sie nicht ohne Hilfe sagen kann.
- Während Sie zuhören, skizzieren Sie für sich das Verhaltensmuster, das sich Ihnen darbietet. Um es zu überprüfen, fassen Sie das von der interviewten Person Gesagte zusammen und lassen sie es noch einmal kommentieren.

Mit Mayos Arbeit kommt zugleich eine uns heute gut vertraute Entwicklung in Gang: **die kommerzielle Versilberung wissenschaftlicher Erkenntnisse.** Wenn für einen guten Manager technische Fähigkeiten allein nicht mehr genügen, sondern er nun zusätzlich über soziale und psychologische Kompetenzen verfügen muss, dann muss er in aller Regel nachgeschult werden. Entsprechende Verfahrensweisen, die sog. Human-Relations-Techniken, konnte man schon bald gegen Geld in mehrtägigen Schulungen und Trainings erlernen. Wie geht man höflich und herzlich mit seinen Untergebenen um? Wie äußert man Kritik? Wie sind Mitarbeitergespräche zu führen? Wann sollte ein Mitarbeiter gelobt werden? Wie baut man Vertrauen auf?

Die Führungskraft ist insbesondere für die *nichttechnischen* Fragen des Betriebsablaufs zu sensibilisieren; sie muss den Untergebenen als soziales Wesen (an)erkennen und zugleich die herausgehobene Bedeutung ihres persönlichen Führungsstils realisieren. Anders ist der fortschreitenden Entpersönlichung in den modern übertechnisierten Unternehmen nicht beizukommen. Und anders ist auch die Leistungsfreude der Mitarbeiter in den anonymisierten Massenorganisationen der Moderne nicht mehr vollständig zu aktivieren. Wir nennen das heute »beziehungsorientierte Führung« und »emotionale Intelligenz«.

Taiichi Ohno, der geniale Tüftler und spätere Organisator des »Modells Toyota«, hat sich ersichtlich schon früh an den Erkenntnissen der »Hawthorne-Studien« orientiert. Für Ohno war es speziell wichtig, dass im Gegensatz zu früheren Managementsystemen ein ständiger Informationsfluss vom »Arbeiter« hin zum Management stattfindet. Nur so war es seiner Meinung nach möglich, Fertigungsfehler frühzeitig zu erkennen und diese durch sorgfältige Erforschung der Ursachen schließlich auszuräumen.

Im Überblick erbringen die Hawthorne-Studien vor allem drei Lektionen für die Leadership-Praxis:

1. **Berufliche Arbeit ist nicht allein eine materiell wichtige Angelegenheit!**
   Managementforscher schätzen, dass in den heutigen Großunternehmen etwa 90 % der Mitarbeiter keinen Bezug mehr zum Endprodukt besitzen und über 98 % noch nie wissentlich einem Kunden begegnet sind. Studien zeigen weiter, dass Arbeitnehmer ihre Identität oder ihr Selbstbewusstsein daher vor allem über ihr unmittelbares Arbeitsumfeld oder ihre jeweilige Aufgabe definieren – und dementsprechend stark von einer anhaltenden Arbeitslosigkeit emotional betroffen wären. Der psychologische Effekt, von der Gesellschaft nicht mehr »gebraucht zu werden«, ist daher oft höher als der objektive materielle Schaden durch den anhaltenden Verdienstausfall. Ein ähnlicher Sinn-Verlust entsteht auch bei einer übervereinfacht-fragmentierten Berufsarbeit.
   Kümmern Sie sich als Führungskraft also um die Mentalhygiene! Teilen Sie zum Beispiel jedem Beschäftigten mit, wo er oder sie leistungsmäßig steht. Sprechen Sie bei guter Arbeitsleistung Anerkennung auch wirklich aus. Informieren Sie im Bedarfsfall die Mitarbeiter gründlich und möglichst weit im Voraus über Veränderungen der Arbeitspraxis, die sie selbst unmittelbar betreffen oder um den gegenwärtigen »Stand« ihres Unternehmens.
2. **Der Mensch ist ein Gruppenwesen**
   Sowohl Taylor als auch die Vertreter der Psychotechnik gingen von der Analyseeinheit des einzelnen Arbeitnehmers aus und vernachlässigten daher sträflich dessen Einbindung in die soziale Gemeinschaft. Gute soziale Beziehungen am Arbeitsplatz sind aber kein Luxus, sondern dringend nötig; denn sie vermögen u. a. den Sinn-Verlust zu kompensieren, der in und durch anonyme Großorganisationen eintritt. Als »kleines Rädchen im Getriebe«, das den Gesamtzusammenhang der betrieblichen Aktivitäten kaum mehr zu erkennen vermag, braucht der Mitarbeiter eine einfühlende Zuwendung von Vorgesetzten wie Kollegen. Daher: Bemühen Sie sich, jeden empathisch und individuell zu behandeln. Angesichts emotional »entzauberter« Arbeitswelten rückt die Qualität des Arbeitslebens zukünftig noch wesentlich stärker in den Vordergrund.

Man darf zudem annehmen, dass neben dem sachlichen Effekt der Studien insbesondere auch die Dankbarkeit der Arbeitnehmerschaft eine Rolle spielt, die sich endlich von der Leitungsebene gesehen und respektiert fühlen kann. Allein dieser damit verbundene »Achtungserfolg« dürfte schon einen großen Teil des sogenannten Hawthorne-Effekts erklären.

3. **Systematisches Training – und die richtige Haltung**
   Um als Führungskraft die Sorgen und persönlichen Probleme von Arbeitnehmern verstehen zu können, muss man nicht nur sorgfältig zuhören können, sondern auch etwas von Interview-Techniken verstehen. Auch Grundkenntnisse in Psychologie und Menschenführung schaden nicht. Insofern ist schon beim Auswahlprozess von Vorgesetzten bereits dezidiert nicht nur auf deren Fachkompetenzen in Sachen Analyse- und Entscheidungsfähigkeit zu achten, sondern auch auf ihre psychische wie soziale Grundorientierung. Eine demütige, also zurückgenommene und bescheidene Führungshaltung hat viele Vorteile (vgl. von der Oelsnitz, 2022). Kann man Schwäche zeigen, sich reflektieren, Erfolge mit den Teammitgliedern teilen, eigene Fehler eingestehen?
   Diverse Fehlentwicklungen haben nach und nach das Vertrauen in die Handlungsethik unseres Führungspersonals schrumpfen lassen – allen Corporate Responsibility-Projekten zum Trotz. Vor allem Top-Manager haben Legitimitätsprobleme; destruktive Eigenschaften sind in dieser Gruppe offensichtlich kein seltenes Phänomen. Und doch – oder gerade deshalb? – sind diese Personen in ihre führenden Positionen gelangt und waren zumindest zeitweise äußerst effektiv. Offenbar vertrauen wir also nicht selten den Falschen. Allerdings hat sich mittlerweile einiges verändert in den westlichen Wohlstandsnationen. Die Frage nach einer erneuerten Führungskultur oder gar einem komplett veränderten Führungsethos steht im Raum. Zeit, auch bei der Managerausbildung neu zu denken.

Die Hawthorne-Experimente zählen bis heute zu den bekanntesten Studien der angewandten Sozialforschung. Sie waren das Flaggschiff der jungen Human-Relations-Bewegung, die in der Managementwelt auf die Ära der sog. wissenschaftlichen Betriebsführung von Taylor folgte. So gut wie jedes Lehrbuch der Organisationspsychologie erwähnt diese erfolgreiche Folge von Untersuchungen. Waren bei Taylor die Arbeiter gedanklich fast »humane Produktionsmaschinen« und bei Max Weber vor allem ein ständiger Unsicherheitsfaktor im Räderwerk der perfekt funktionierenden Bürokratie, erscheinen sie bei Elton Mayo nun als »ganzheitliche« Wesen. Mit ihm zieht die Sozialwissenschaft in die Betriebe und Unternehmen ein.

Ein Wermutstropfen aber bleibt: Auf die Hawthorne-Studie ist möglicherweise das Schisma der heutigen Betriebswirtschaftslehre zurückzuführen, die sich mittlerweile deutlich zum einen in eine statistisch-quantitativ ausgerichtete und zum anderen in eine eher verstehend-qualitativ ausgerichtete Wissenschaftsrichtung ausdifferenziert hat. Die mit dieser Separierung einhergehende Ideenkonkurrenz kann einerseits als gesunde akademische Arbeitsteilung gesehen werden. Andererseits ist unbestreitbar, dass die v. a. verhaltenstheoretische Sicht betrieblicher Phänomene letztlich zu einem inhaltlichen und methodischen Auseinanderleben mit der althergebrachten Ökonomie geführt hat. Bis heute stehen sich beide Lager in der Betriebswirtschaftslehre als eigenständige Schulen zwar nicht unversöhnlich, aber doch häufig unverbunden gegenüber.

In Kürze:

- Der Beruf ist nicht alles – Menschen haben viele Motive und Sehnsüchte. Eine davon ist der Wunsch, beachtet und anerkannt zu werden. Reduzieren Sie die Ihnen Anvertrauten daher niemals auf ihren bloßen »Arbeitswert«!
- In der modernen Wirtschaftswelt geht es längst nicht mehr nur um schlichte Produktions- oder Serviceaktivitäten. Insbesondere die »sozialen« Funktionen sehen sich – gerade in Zeiten des Fachkräftemangels – stark aufgewertet.
- Gute soziale Beziehungen am Arbeitsplatz sind kein »Bonus«, sondern dringend nötig, ja elementar. Anders sind die Mitglieder der Generation Z kaum noch zu gewinnen – und langfristig zu binden erst recht nicht.
- Auch Führungskräfte brauchen ein systematisches Coaching. Insbesondere ein effektives Resilienz-Training ist in einem zunehmend turbulenten Geschäftsbetrieb dringend anzuraten.

Epilog Episode 1

Frau Weinert hat vollkommen recht, wenn sie sich so viele Gedanken um die soziale Hinwendung zu ihren Beschäftigten macht und sich dementsprechend mit großem Zeitaufwand auch in Einzelgesprächen darum kümmert. Denn es besteht tatsächlich ein direkter Zusammenhang zwischen Arbeitszufriedenheit und Arbeitsproduktivität. Ein nettes oder anteilnehmendes Wort oder auch eine verständnisvoll vorgebrachte Kritik können mentale »Psychohygiene« sein. Schon ein einfühlnehmendes Zuhören oder die Tatsache, dass ein vielbeschäftigter Vorgesetzter sich Zeit für einen Plausch mit einer »einfachen« Angestellten nimmt, kann wahre Wunder bewirken und das Arbeitsklima nachhaltig verbessern.

VI. Literatur zu den Hawthorne-Experimenten

Cerasoli, C./Nicklin, J./Ford, M. (2014). Intrinsic motivation and extrinsic incentives jointly predict performance: A 40-year meta-analysis. In: *Psychological Bulletin*, Vol. 140 (4), S. 980–1008.

Mayo, E. (1933): The Human Problems of an Industrial Civilization, Boston.

Mayo, E. (1949): The Social Problems of an Industrial Civilization, London.

von der Oelsnitz, D. (2022): Demut. Leise Führung für eine laute Zeit, München.

Walter-Busch, E. (1996): Organisationstheorien von Weber bis Weick, Amsterdam.

Weinert, A. (1998): Organisationspsychologie, 4. Aufl., Weinheim.

von Rosenstiel, L./Molt, W./Rüttinger, B. (2005): Organisationspsychologie, 9. Aufl., Stuttgart.

Kapitel 2

Welcher Zusammenhang besteht zwischen Autorität und Gehorsam?

Stromschläge als Motivationshilfe
(Stanley Milgram)

Episode 2

Wenn Frau Bergmann morgens in das gemeinsame Großraumbüro ihres Online-Vertriebsteams tritt, ist sie immer wieder überrascht, wie es ihre Chefin schafft, die Beschäftigten dazu zu bringen, am Telefon das jeweils anzupreisende Produkt fast schon irreführend positiv darzustellen und dazu noch die maximale Preisbereitschaft der Kunden abzurufen. Offensichtlich gelingt ihr das mit einer Mischung aus materiellen Versprechungen (zum Beispiel Boni für die erfolgsreichste Verkäuferin des Monats) – sowie auch mit einer obskuren, »halboffiziellen Kündigungsliste« als latenter Drohung für alle diejenigen, die dauerhaft »unterperformen«. Die Frage ist nur: Warum lassen sich das alle Verkäuferinnen widerspruchslos gefallen? In ihrem Privatleben agieren diese Frauen meist ganz anders; irgendwie anständiger und reflektierter. Ist es nur die Furcht vor der Chefin oder dem Verlust des Arbeitsplatzes? Schlichte Bequemlichkeit? Warum bloß fällt allen der Widerspruch und das persönliche Zuwiderhandeln so schwer?

I. Aufbau und Ablauf des Gehorsams-Experiments

In den Organisationen unserer Gesellschaft gibt es erstaunlich viele Mitläufer. Nicht alle sind so harmlos, wie es auf den ersten Blick scheint. Im Gegenteil: Die Spannweite reicht vom unreflektierten Mitläufer bis zum gern beteiligten Mittäter. Wer die »dunkle Seite« des Menschen, zu der wohl auch sein latenter Folgetrieb zählt, verstehen möchte, der kann ein klassisches Experiment dazu finden – nämlich jenes von **Stanley Milgram** (geb. 1933, gest. 1984 in New York). Er war damals 27 Jahre alt und Assistenzprofessor für Psychologie an der Yale University. Seine Experimente wurden in den Jahren 1961 und 1962 durchgeführt und erstmals 1974 bzw. 1982 auf deutsch veröffentlicht. Sie zeigen: Ein Großteil der »Durchschnittsbevölkerung« kann, wie Milgram es selbst ausdrückte, »durch eine pseudo-wissenschaftliche Autorität dazu gebracht werden, in bedingungslosem Gehorsam einen ihr völlig unbekannten, unschuldigen Menschen zu quälen« (vgl. Geleitwort zu Milgram, 1982).

Milgram wurde – wie sein akademischer Lehrer, der polnisch-amerikanische Gestaltpsychologe **Solomon Asch** (1907–1996) – zu einem Pionier bei der Erforschung von Autoritätseffekten und Konformitätsdruck. Und dies eben inspiriert durch ein Verhaltensexperiment seines Lehrers: Asch zeigte einer Gruppe von Studenten Bilder mit unterschiedlich langen Senkrechtstrichen. Die Gruppe sollte Person für Person den längsten (alternativ auch mal kürzesten) Strich benennen. Aschs Ausgangsfrage war: *Wie lässt sich nachweisen, dass Menschen durch Normeneinfluss von Mehrheiten konform handeln, um dadurch gemocht oder akzeptiert zu werden?*

Das Experiment war wie folgt aufgebaut: sechs bis acht Studierende, halbkreisförmig im Raum angeordnet (heißt: jeder konnte alle anderen und deren Reaktionen sehen). Ein Student ist uneingeweiht, also der Proband, während der Rest Teil der Versuchsanordnung ist. Drei Durchgänge lang geben alle die korrekte Längenschätzung ab; ab dem vierten Durchgang treffen die (von Asch eingeweihten) Teilnehmer absichtliche Falschurteile. Es entsteht nun natürlich Unglauben und Unbehagen bei den uneingeweihten Teilnehmern. Wie aber reagieren diese darauf? Interessant: 50–80 % votierten, obwohl sie sicher waren, die Strichlängen korrekt wahrzunehmen, *mindestens einmal* konform mit der Mehrheitsmeinung. 33 % schlossen sich trotz »sicherer« eigener Inaugenscheinnahme *in mindestens der Hälfte der Fälle* der Mehrheit an. Und lediglich *ein Viertel blieb fest bei seinem Urteil.* Das bedeutet letztlich: *Ein Drittel der Menschen sind reine Mitläufer!* Oder später in Milgrams Worten: »Das Wesen des Gehorsams drückt sich in der Tatsache aus, dass ein Mensch dahin kommt, sich selbst als Werkzeug zu verstehen, das den Willen eines anderen Menschen ausführt, und sich selbst nicht mehr als verantwortlich anzusehen für das eigene Handeln« (1982, S. 11). Dazu käme noch die Tendenz, »so stark in den engen technischen Aspekten einer Aufgabe aufzugehen, dass man den Überblick über die umfassenderen Konsequenzen verliert« (Milgram, 1982, S. 24).

Weitere Erkenntnisse – nun wieder bei Salomon Asch: Es kommt durchaus auf die konkrete Versuchsanordnung an. Gab man dem Teilnehmer einen »Verbündeten«, der ebenfalls gegen die Majorität korrekt antwortete, dann verringerte sich die Konformität der Probanden merklich (Stichwort Noelle-Neumann: Schweigespirale!). Auch die Größe des Linienunterschieds spielte eine Rolle. Allerdings: Ein gewisser Anteil gab selbst bei den extremsten Stimulus-Diskrepanzen der Gruppe nach, war also letztlich bereit, offensichtliche Nonsens-Urteile mitzutragen bzw. auf schon abstruse Weise die eigene Beurteilung der Lage im Interesse des Gruppengleichklangs zu verleugnen. Milgram muss dieses Treiben als junger Doktorand mit Staunen registriert haben. Seine daraufhin entstandene Idee, die menschliche Gehorsamsneigung näher zu untersuchen, führte zu dem nun eigentlich zu beschreibenden Experiment. Es ist weltberühmt geworden. Schon der Versuchsaufbau ist beeindruckend durchdacht.

Für sein Experiment rekrutierte Milgram etwa einhundert Männer aus New Haven. Er schaltete eine Zeitungsannonce, in der *Personen für eine Untersuchung über Gedächtnisleistungen* gesucht wurden und die den Mitwirkenden eine Zahlung von *4 Dollar und 50 Cents Fahrtkosten für eine Stunde Ihrer Zeit* anbot (zum methodischen Vorgehen vgl. Milgram, 1982, S. 30 ff.). Er wollte dabei ein großes Spektrum sozialer Schichten zur Auswahl haben. Die Teilnehmer wurden anschließend für die gesamte Dauer des Experiments in dem Glauben gelassen, dass sie an einer wissenschaftlichen Studie über die positiven Wirkungen von Strafen auf die menschliche Gedächtnisleistung und den individuellen Lernerfolg teilnähmen (vgl. Slater, 2018).

Der Ablauf des Experiments war so angelegt, dass es für die Probanden den Anschein hatte, dass zwei Freiwillige gleichzeitig eingeladen waren, denen eingangs per Losentscheid entweder die Rolle des »Lehrers« oder des »Schülers« zugeteilt wurde. Tatsächlich war jedoch nur einer der beiden ein echter Proband – nämlich der Lehrer. Die zweite

Person war hingegen ein angestellter Schauspieler, der per manipuliertem Losentscheid stets die Rolle des Schülers zugewiesen bekam. Dieser Schüler wurde dann in einem Nebenraum, der durch eine Glasscheibe gut einzusehen und auch noch per Mikrophon mit dem Hauptraum verbunden war, auf eine Art elektrischen Stuhl festgeschnallt. Er sah sich hier, mit Elektroden verbunden, an einen *Shock-Generator vom Typ ZLB* angeschlossen. Auch dessen fiktiver Hersteller war sichtbar – die *Dyson Instrument Company. Output 50 Volts bis 450 Volts* war als furchteinflößende Bezeichnung auf dem offen angebrachten Typenschild zu lesen. Auf diesem Schockgenerator befand sich eine Instrumententafel mit insgesamt dreißig Kippschaltern. Diese Schalter waren aufsteigend angeordnet und gingen von 15 Volt (leichter Schock) über mittleren und schweren Schock hinauf bis zu einer tödlichen Voltstärke von 450 Volt (vgl. Kuhn/Weibler, 2020).

Die Funktion des Lehrers – also des eigentlichen Probanden – war es nun, dem Schüler diverse Wortpaare vorzulesen (zum Beispiel Himmel – blau, Auto – schnell, Hut – grün) und nach einer Pause abzufragen. Bei einem Erinnerungsfehler wurden dann mit dem Schock-Generator gezielte Stromschläge verabreicht. Diese erfolgten immer dann, wenn der Schüler sich nicht an den zweiten Teil des Wortpaares erinnern konnte. Der Lehrer (L) könne auf diese Weise, so wurde von der Versuchsleitung (V) zumindest behauptet, die Anstrengungsbereitschaft der Schüler (S) schrittweise erhöhen.

Wichtig dabei: Die Höhe der Stromschläge wurde nach jedem Fehler des Schülers jeweils in 15 Volt-Stufen gesteigert – beginnend mit 15 Volt

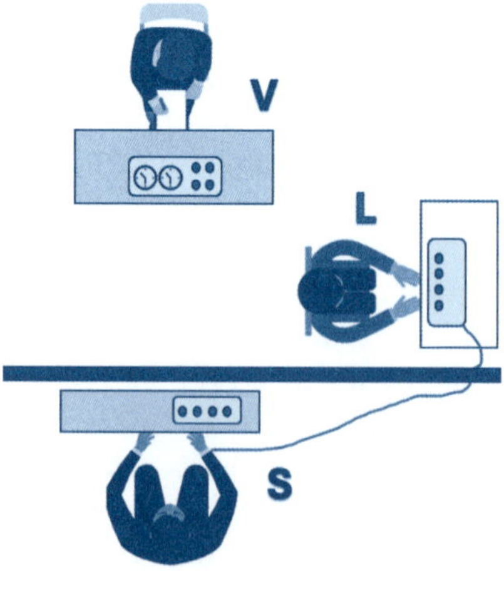

Abb. 2.1 Die klassische Aufstellungsvariante (Darstellung nach Milgram, 1982)

als niedrigster Stufe bis hin zu potentiell 450 Volt als höchstmöglicher Stufe bei allzu häufigen Gedächtnisaussetzern. Für den Verlauf des Experiments ergab sich somit, dass der Schüler in der subjektiven Wahrnehmung des Lehrers immer höheren Stromschlägen ausgesetzt war, auf die der »Schüler-Schauspieler« entsprechend lautstark reagierte. Ebenfalls wichtig: Den Probanden war bereits vor dem Beginn des Experiments ein unangenehmer 45-Volt-Schock verabreicht worden, so dass sie selbst einschätzen konnten, wie sich ihre Strafzuteilung für den Schüler anfühlte.

Tatsächlich aber floss zu keiner Zeit Strom, der Shock-Generator war eine reine Attrappe! Gleichwohl reagierte der Schüler bei Fehlern weisungsgemäß auf seine Bestrafung. So teilte er dem mit ihm im Hauptraum sitzenden Lehrer nach dem »fälligen« 120-Volt-Schock über die vorhandene Gegensprechanlage mit, dass dieser Stromschock doch recht schmerzhaft sei. Beim irgendwann fälligen 150-Volt-Schock weigerte er sich dann, weiterzumachen und forderte nachdrücklich, losgeschnallt zu werden. Der anwesende Versuchsleiter lehnte dieses Ansinnen in jedem einzelnen Experiment konsequent ab (O-Ton an den Lehrer: »Bitte fahren Sie fort«, heißt: ich übernehme die volle Verantwortung).

Das Experiment nimmt unterdessen seinen Lauf. Bei 270 Volt bricht der Schüler in »qualvolles Schreien« aus und verweigerte jede weitere Antwort. Daraufhin fordert der Versuchsleiter den Lehrer auf, keine Antwort wie eine falsche Antwort zu behandeln, also mit den Stromschlägen fortzufahren. Ab einer Stärke von 330 Volt verstummt der Schüler endgültig und beginnt hörbar zu wimmern. Das Experiment wird vom Versuchsleiter dennoch fortgesetzt, und der Lehrer blieb weiterhin aufgefordert, Elektroschocks zu verabreichen, bis irgendwann die höchste Stufe von 450 Volt erreicht war. (Milgram hatte zuvor »sicherheitshalber« dafür gesorgt, dass unter dem 375-Volt-Kippschalter für jedermann deutlich zu lesen war: »Gefahr: Schwerer Elektroschock«. Die Probanden konnten sich somit nicht auf ihre Unkenntnis zurückziehen.)

Für die Validität und spätere Generalisierbarkeit des Experimentes war es wichtig, dass der Versuchsleiter seine Ermunterungen bzw. Aufforderungen an den Lehrer verbal standardisierte. Die Ermahnungen liefen nach einem festen, bei jedem Probanden gleichen Wortschema ab:

- Instruktion 1: »*Bitte fahren Sie fort*«.
- Instruktion 2: »*Das Experiment verlangt, dass Sie weitermachen*«.
- Instruktion 3: »*Es ist absolut wichtig, dass Sie weitermachen*«.
- Instruktion 4: »*Sie haben keine andere Wahl – Sie müssen weitermachen!*«

Der Versuchsleiter spricht dabei immer mit fester Stimme, aber nie unhöflich. Er bricht das Experiment exakt in dem Moment ab, in dem der »Lehrer« sich endgültig weigert, zu gehorchen.

II. Ergebnisse

Nicht wenige Versuchspersonen leisteten unbedingten Gehorsam: immerhin fast zwei Drittel (63 %) der insgesamt 1.000 von Milgram eingesetzten Versuchspersonen folgten den Anweisungen des Versuchsleiters bis zum maximalen 450-Volt-Schock! Mit anderen Worten: sie waren bereit, im Interesse eines wissenschaftlichen Experiments zu töten! Dieses Resultat korrespondiert haargenau mit den Asch-Studien, wo ja 50–80 % der Teilnehmer *mindestens einmal konform* mit der Mehrheit votierten, obwohl sie selbst sicher waren, die Strichlängen korrekt wahrgenommen zu haben.

Gleichzeitig ergab die sorgfältige Auswertung der Daten einen wichtigen Hinweis auf die doch hohe Einflusskraft der situativ variierten, »äußeren« Versuchsbedingungen. In der Originalstudie gibt es insgesamt immerhin 18 Versuchsvarianten (u. a. Raumnähe, d. h. der Lehrer war nur wenige Meter vom Schüler entfernt, Fernrückkopplung durch Telefon oder Raumwechsel der Akteure etc.).

	Schüler im Fernraum	mit akustischer Rückkopplung	Raumnähe	Berührungsnähe
Ø gegebener Maximalschock in Volt	405	367	312	268
Prozentsatz völlig gehorsamer Versuchspersonen	65 %	62 %	40 %	30 %

Abb. 2.2 Versuch-Details bei unterschiedlichen Aufstellungsvarianten (eigene Darstellung nach Milgram, 1982)

Das Milgram-Experiment wurde später in verschiedenen Details variiert: zum Beispiel nahm man Frauen statt Männer oder experimentierte mit der Zahl der Versuchsleiter. Manchmal sind sich die Versuchsleiter auch uneinig und einer von ihnen verlässt aus Protest den Raum; in einer Variante bittet der Schüler sogar selbst um die Bestrafung oder kann deren Höhe verhandeln. In aller Regel **blieben die Ergebnisse jedoch ähnlich**.

Bemerkenswerte Abweichungen ergaben sich vor allem dann, wenn die Raumbedingungen variiert wurden, also zum Beispiel Schüler und Lehrer im selben Raum positioniert wurden, es also eine unmittelbare körperliche Nähe zum »Opfer« gab. War das der Fall, gelangten deutlich weniger Probanden bis zum absoluten Straf-Höchstwert (vgl. Abb. 2.2).

Je nach Versuchsbedingung brachen die Lehrer das Experiment irgendwann ab. Das war der entscheidende Punkt des Experiments: Anhand der jeweils maximal vom »Lehrer« verabreichten Voltstärke der Strafe konnte Milgram schließlich dessen jeweilige Folgebereitschaft erfassen. Ein genialer Messansatz!

Mit Blick auf die eskalierende Gewissensnot des Lehrers war es letztlich das Ziel, herauszufinden, »wann und auf welche Weise Menschen sich unter dem Eindruck eines deutlichen moralischen Imperativs gegen eine ihnen fremde Autorität auflehnen« (Aronson et al., 2004, S. 20). Somit stellen sich überzeitlich gültige Anschlussfragen: Wie weit kann der Gehorsamstrieb eines Menschen gehen? Welche Anlagen oder Gründe gibt es für diesen Trieb und aus welchen Gründen wird der Gehorsam ggf. auch verweigert? Wieso bricht der »Lehrer« seine Folter nicht einfach ab und verlässt als selbstbestimmter Mensch das Laboratorium? Wer oder was hindert ihn daran? Und auch der Schüler hat ja unveräußerliche Freiheitsrechte – auch er hätte doch jederzeit seinen Gehorsam aufkündigen können – das Experiment beinhaltete ja keinerlei Form von offenem Druck oder gar Drohungen. Umso bestürzender war für Milgram die Erfahrung, dass immerhin bis zu zwei Drittel der Teilnehmer Gehorsam vor Anstand stellten.

III. Was können wir aus diesem Experiment lernen?

Natürlich ging es in diesem Experiment nicht um die Wirksamkeit von Strafen. Im Zentrum steht vielmehr die innere Spannung der Probanden sowie die Entscheidung, die zwischen den Instanzen »Autorität« (hier verkörpert durch den Versuchsleiter) und dem »eigenen Gewissen« (was die »richtige« Behandlung des fehlerhaften Schülers anging) zu treffen ist. Das Gewissen wird dadurch angesprochen, dass der Proband als »Lehrer« zu entscheiden hat, inwieweit er willens ist, einer offenkundig hilflosen Person – die für ihn selbst ja weder bedrohlich noch schädlich ist – erhebliche Schmerzen zuzufügen oder im Extrem sogar deren Leben zu gefährden, wenn nicht sogar zu beenden. Und das noch für eine vergleichsweise geringe materielle Belohnung!

Im Überblick erbringt das Gehorsamsexperiment von Milgram folgende *Lektionen*:

- Geführte befolgen ggf. auch dann Anweisungen, wenn deren Gehalt erkennbar *moralisch schlecht* ist und für andere Menschen – sogar sie selbst – eine zerstörerische Wirkung haben kann.
- Die Gehorsamstendenz ist *relativ*: Menschen haben mehr Mitgefühl bei sozialer oder physischer *Nähe.*
- Die Gehorsamsneigung gegenüber Autoritäten steigt, wenn Menschen in eine *hierarchische Struktur* eingebunden werden. Hier findet oft eine sog. De-Individualisierung statt, d.h. Gemeinschaftswerte oder ein explizit abverlangtes »Pflichtgefühl« erhält Vorrang vor dem eigenen Handlungsimpuls. Dies ist zum Beispiel in Verwaltungsbürokratien oder Militärorganisationen der Fall.

Überdies entwickeln die meisten Personen *psychologische Schutzmechanismen*, um ihr Tun innerlich zu rechtfertigen (»ich war an einen Eid gebunden«, »ich hatte ja keine andere Wahl«, »das war meine Pflicht gegenüber dem Team« oder: »Ich habe nur meine Befehle befolgt …« – die sog. Schreibtischtäter-Theorie aus dem Strafrecht).

Wichtige Schutzmechanismen sind zum Beispiel:

- **Sich ganz auf die technische Seite des Experiments zu konzentrieren:** Menschen haben einen ausgeprägten Wunsch, sich bei der Arbeit als kompetent zu erweisen. Die erfolgreiche Durchführung des Experiments wird wichtiger als das Wohlergehen der Teilnehmer.
- **Die moralische Verantwortung auf den Experimentleiter zu übertragen:** »Ich habe ja bloß Befehle ausgeführt«. Oder der Glaube, als Teil einer größeren, wichtigeren Sache zu handeln, wobei man eben moralische Zugeständnisse machen muss. Kriege werden zum Beispiel gemeinhin im Namen der Religion oder »anständiger« politischer Ziele geführt. Bei Milgram war »die große Sache« eben die Wissenschaft.
- **Die Opfer, die die Schocks bekommen, psychologisch zu entwerten:** »Wenn die zu blöd sind, um sich ein paar Wortpaare zu merken, verdienen sie ihre Strafe«.

Auf diese Weise wird die Verantwortung für das eigene Tun letztlich dem Opfer zugeschrieben. Oder anders gesagt: Die Moral wird verdrängt und durch emotionale Ausreden ersetzt.

IV. Bedeutung und Kritik

Zunächst etwas Gravierendes: Stanley Milgram hat seine Teilnehmer systematisch getäuscht; das Ziel dieses Experiments wurde verheimlicht und den Teilnehmern stattdessen als Gedächtnisexperiment verkauft. Das ist nicht besonders ehrlich, aber experimentelle Forschung läuft eben nicht selten genau so: sie muss mit operativen Täuschungen arbeiten, um die Überzeugungskraft der gewählten Szenerie zu erhöhen (s. Epilog am Ende des Buchs). Milgram selbst widmet den methodologischen Problemen seines Experiments übrigens ein eigenes, längeres Kapitel (Milgram, 1982, S. 196 ff.).

Das Experiment wurde weltweit mehrfach wiederholt – und kam immer zum selben Ergebnis. Milgram war selbst erstaunt über die Resultate. Warum fühlten sich die Teilnehmer zwar irgendwie schuldig, brachen das Experiment aber nicht ab? Milgram erkannte schnell: Den meisten von ihnen war die Verwerflichkeit ihres Handelns absolut bewusst, ja: sie hassten es sogar, ihre Schüler mit Schocks zu quälen. Sie waren beileibe keine Sadisten. Das zeigt eine weitere Variante des Experiments: Hier durften die Lehrer die Höhe der Stromschläge selbst bestimmen; Resultat: Die Lehrer entschieden sich im Durchschnitt für sehr milde Schocks – und nur 2,5 % der Teilnehmer gaben den Maximalschock (vgl. Aronson et al., 2004).

Dabei empfanden die meisten Lehrer-Teilnehmer Stress bei dem Experiment und forderten irgendwann mehr oder minder deutlich, dass der Person auf dem Stuhl keine weiteren Schmerzen zugefügt werden dürften. Der nächste logische Schritt wäre gewesen, den Abbruch des Experiments zu fordern oder einfach eigenständig abzubrechen. Dazu kam es jedoch nur selten. Aber weshalb verabreichten die Probanden trotz ihrer Vorbehalte ihren Schüler beständig weiter anwachsende Stromschläge?

Das Problem der Teilnehmer war, dass sie sich in einem **Netz widersprüchlicher Normen** verhedderten:

- Norm 1: Gehorsam gegenüber einer wissenschaftlichen Autorität (= hier dem Leiter);
- Norm 2: Schutz des »anvertrauten« Schülers und ein echtes Mitgefühl mit ihm;
- Norm 3: der Wunsch, sich als Person kompetent und verlässlich zu erweisen.

Natürlich kann man auch generell bezweifeln, ob »künstliche« Laborergebnisse tatsächlich verallgemeinernd (hier auf den Führer-Geführten-Bereich) übertragen werden können.

Milgram hatte so etwas offenbar auch im Kopf; er bedachte diesen Einwand einmal mit folgendem Kommentar: »Ich wundere mich immer wieder, wenn ich bei Vortragsreisen im ganzen Land auf junge Männer treffe, die über das Verhalten der Versuchspersonen entsetzt waren und behaupteten, sie würden sich niemals so verhalten – und die wenige Monate später zum Militärdienst eingezogen wurden und ohne Gewissensbisse Handlungen begingen, die die Schockverabreichung an unser Opfer als harmlos erscheinen lassen« (Milgram, 1963, S. 377).

Man kann Milgram mit einem etwa gleichalten wissenschaftlichen Kollegen beispringen: **Philip Zimbardo**. Dieser wurde von der Presse wegen seines ähnlich gelagerten *Stanford Prison-Experiments* ebenfalls politisch wie auch wissenschaftsethisch angegriffen – aber hat eben mit Milgram vergleichbare Ergebnisse erzielt. Auch bei Philip Zimbardo – sein Spitzname wurde *Doctor Evil* – kommen Menschen allein aufgrund einer geringfügigen, per Losentscheid getroffenen Differenzierung (hier sind es Studenten, die in die Rollen entweder des Insassen oder des Wärters in einem fiktiven Gefängnis im Kellergeschoss von Zimbardos Institutsgebäude unterteilt werden) zu diametral unterschiedlichen Verhaltensweisen.

Auch hier ist eine bestürzende Gehorsamsbereitschaft, ja teils sadistische Mobbingtendenz vieler Probanden (»Wärter«) gegenüber ihren Mitkommilitonen (»Häftlinge«) festzustellen (vgl. Zimbardo, 2008; zusammenfassend Schneider, 2006). Hier wie dort wird uns auf drastische Form vor Augen geführt, dass scheinbar normale, unauffällige Menschen in bestimmten Situationen innerhalb kürzester Zeit ihr gewohntes Verhalten in ein völliges Gegenteil umwandeln können – vor allem, wenn eine anerkannte Instanz ihnen klar und nachdrücklich Anweisungen erteilt. Die französische Wissenschaftlerin Emilie Caspar, die sich in heutiger Zeit ebenfalls der Psychologie des Gehorsams widmet – und u.a. den Völkermord im ostafrikanischen Ruanda genauer untersuchte – hat Milgrams Resultate 2019 in diversen anderen Settings wiederholt (vgl. Proff, 2021). Raten Sie mal, was herausgekommen ist …

V. Transfer: Was bedeutet das Gehorsams-Experiment für die Führungspraxis?

Mitten in der Zeit der amerikanischen Verstrickung in den Vietnam-Krieg schlug Milgrams Pioniertat natürlich hohe Wellen. Der normale Mensch als eiskalter Engel? Als Sklave von Autoritäten? Stanley Milgram wurde u. a. unterstellt, bewusst Sadisten für sein Experiment verpflichtet zu haben. Das konnte er aber anhand seiner publizierten Suchannonce und des streng randomisierten Auswahlverfahrens schlüssig widerlegen. Seine lapidare Schlussfolgerung lautete letztlich nur: »Ein beachtlicher Teil der Bevölkerung tut, was ihr zu tun befohlen wird« (Milgram, 1982, S. 217). Anders formuliert: Viele Menschen folgen offenbar leicht und kritiklos Institutionen oder Personen, die für sie Autoritäten sind.[1]

Milgram selbst stellte die Ergebnisse seines Experiments immer wieder provokant in einen direkten Zusammenhang mit Gräueltaten in Kriegen, die vom Dreißigjährigen Krieg bis zum Vietnam-Krieg reichten (vgl. Milgram, 1982). Auch das gab Ärger, insbesondere bei der Linken und den Demokraten in den USA. Allerdings behielt er über seine Lebenszeit hinaus recht: In den späteren US-Kriegen im Irak oder Syrien wiederholten sich die Gräueltaten einiger US-Soldaten auf gespenstische Weise – man denke nur an die Schockbilder aus dem US-Gefängnis Abu Ghraib.

Asch und Milgram zeigen, dass die latente Folgebereitschaft eines Menschen offenbar schon durch Äußerlichkeiten zu beeinflussen ist, zum Beispiel durch die schiere Gruppengröße, in der jemand arbeiten oder diskutieren muss, das Vorhandensein eines Gleichgesinnten, die räumliche Anwesenheit des Vorgesetzten oder auch nur ein bestimmtes Kleidungsstück. Denn was wirkt wohl überzeugender: die Anweisung eines ältlichen Hausmeisters im abgewetzt-grauen Arbeitskittel oder die Vorgaben eines vitalen, großgewachsenen Mannes im schneeweißen Ärzte-Kittel? Denken Sie daran: Wenn der Versuchsleiter bei Milgram seine Anweisungen lediglich per Telefon gab, waren plötzlich nur noch 20 % der Probanden bereit, bis zum maximalen Höchstwert zu gehen (vgl. Abb. 2.2)! Die Gehorsamsbereitschaft der allermeisten Menschen scheint also keineswegs eine stabile Größe zu sein. In der Kriminalistik wurden ähnliche Faktoren nachgewiesen: neben der physischen Nähe zum »Opfer« auch Effekte wie ein fehlender Blickkontakt oder die Größe eines Raumes.

Wenn man das Milgram-Experiment auf die Welt der Mitarbeiterführung übertragen möchte, dann macht es zunächst deutlich, dass

Beschäftigte häufig auch dann den Anweisungen ihrer Vorgesetzten folgen, wenn sie diese eindeutig als verwerflich, moralisch zweifelhaft oder gar zerstörerisch für Dritte erkennen (Kunden, Investoren, andere Standorte). Eine spezielle Führungsausstattung mit Macht oder Persönlichkeit ist also offensichtlich gar nicht notwendig – »außer eben jener unscheinbaren Macht, die gemeinhin als Amtsautorität firmiert« (Kuhn/Weibler, 2012, S. 70). Oder in Milgrams eigenen Worten: »Zwischen Worten und Gedanken und dem entscheidenden Schritt des Ungehorsams gegenüber einer böswilligen Autorität liegt noch etwas anderes – nämlich die Fähigkeit, persönliche Überzeugungen und Wertmaßstäbe in Aktion umzusetzen« (Milgram, 1982, S. 27).

Welche Schlüsse ziehen wir daraus nun für die Leadership-Praxis?

1. **Ein Vorgesetzter sollte nie zu autoritär auftreten und seine Meinung auch nicht sofort kundtun**! Außerdem sollten Leader sich dazu zwingen, größtmöglich meinungstolerant zu sein. Ein bisschen Demut schadet nie – gerade wenn man auf Meinungen oder Einstellungen trifft, die von den eigenen abweichen. Denn: Grundehrliche Mitarbeiter mögen bisweilen unbequem sein, haben aber aufgrund ihrer anderen Funktion oder Herkunft oft auch einen anderen Blickwinkel und liefern damit häufig eine wertvolle perspektivische Erweiterung.
2. **Vorgesetzte sollten mit sichtbaren »Machtsymbolen« zurückhaltend umgehen!** Muss es ein riesiges Einzelbüro im obersten Stockwerk, ein superteurer Anzug oder der italienische Sportwagen sein? Braucht es tatsächlich eine eigene Kantine für Führungskräfte? Steve Jobs lief auch im Büro immer im schwarzen Rollkragenpullover, Mark Zuckerberg stets im grauen (allerdings später sehr edlen) T-Shirt durch die Flure seines Hauptquartiers.
3. **Oft ist es günstiger, wenn das Arbeitsteam erst einmal im eigenen, geschlossenen Kreis diskutiert** – und sich dafür auch in einen eigenen »Safe space« zurückziehen kann. Wenn man sich dann auf eine breit getragene Teammeinung verständigen kann, dürfte das kein Nachteil sein.
4. **Das Team selbst sollte eine gewisse Diversität hinsichtlich Alter, Geschlecht, Persönlichkeitstyp, Kompetenz, Bildungsdomäne etc. aufweisen**. Größere Diversität in einer Gruppe erschwert zwar die Einigung auf eine von allen getragene Linie und erzeugt mitunter auch persönliche Konflikte im Team, ergibt aber im Gegenzug meist eine bessere Gesamtlösung. Der Grund: Es fließen tendenziell mehr Perspektiven in die vorgelagerte Sachdiskussion ein.

5. Um den weit verbreiteten Konformismus und dem »blinden« Folgen eingefahrenen Denkmuster entgegenzutreten, kann es sinnvoll sein, einen bewussten Widerspruch anzuregen und zum Beispiel einen sog. **Advocatus Diaboli** einzurichten. Dieser war ursprünglich eine Art Detektiv der katholischen Kirche, der vor der Seligsprechung einer verdienten Person dessen Leben gründlich auf Vergehen oder persönliche Fehltritte hin untersuchen sollte. Ein solcher Advocatus Diaboli ließe sich strukturell recht einfach in unternehmerische Entscheidungsprozesse einbinden. Auftrag: verzerrte Wahrnehmungen, Denkfehler oder stereotype Verhaltensmuster systematisch ans Licht zu bringen.
   Der Ökonom Arnt Wöhrmann aus Gießen hat gezeigt, dass sich so offensichtliche (aber aus Furcht vor Dritten eben nicht angesprochene!) Fehlschläge vermeiden lassen. Es muss nur jemand vor der finalen Meinungsbildung darauf verpflichtet werden, Gegenargumente zum Beispiel bei der der Entscheidung für ein zu entwickelndes Neuprodukt vorzubringen. Ähnlich funktioniert die sog. *Pre-Mortem-Analyse.* Hier sollen Mitarbeiter sich bereits vor dem Start vorstellen, ein bestimmtes Firmenprojekt sei gescheitert – um dann die Gründe dafür aufzuzeigen. Wöhrmann konnte zeigen, dass Unternehmen, die auf derartige Mechanismen setzen, deutlich seltener kognitiven Verzerrungen, sprich: Fehleinschätzungen unterliegen.
6. Und schließlich: **Augen auf bei der Personalauswahl!** Die Wissenschaft hält mittlerweile gut validierte Typisierungen von Mitarbeitern parat. Sie unterscheidet zum Beispiel die Motive und Machtsensibilitäten, die die sog. Follower zum Mitmachen (oder wenigstens zum Tolerieren) bewegen. Dieser sog. *Geführtentypus F* hat eigentlich kein echtes Handlungsinteresse und ist vor allem angetrieben durch die Furcht oder den übergroßen Respekt vor der Autorität bzw. Bestrafungsmacht des Leaders. »F« ist ein passiver Dulder, wie er eben in den Experimenten Stanley Milgrams oder auch in so unendlich vielen Kriegen auftritt (siehe *Im Westen nichts Neues*).[2]
   Wir können an dieser Stelle nicht weiter der Frage nachgehen, wo die Quellen dieser tiefen Gehorsamsneigung liegen – sind sie angeboren oder eher im Verlauf der Entwicklung erlernt worden? Am Ende bleibt die Frage, ob sich der Grad von individueller oder gesellschaftlicher Zivilcourage in den letzten fünfhundert Jahren in seiner Auftretenswahrscheinlichkeit überhaupt wesentlich verändert

hat. Wir reden heute gern über »moderne Werte« wie Gleichheit, Selbstbestimmung oder Emanzipation, tragen aber möglicherweise immer noch dieselben menschlichen Verhaltenstendenzen in uns, wie zu Ur-Großmutters Zeiten. Die Leser sollen es selbst beurteilen: Hat sich das Ausmaß an Zivilcourage und Ehrlichkeit am Arbeitsplatz, in politischen Parteien oder auch im Privaten über die letzten Jahrzehnte wesentlich verändert? Glauben Sie, dass das Böse jemals auszurotten ist?

Die bereits erwähnte Wissenschaftlerin Emilie Caspar hat einen neueren Hinweis hierfür gesammelt. Sie berichtet von einem Fall, in dem eine 44-jährige Lehrerin zwei Auftragsmördern befiehlt, ihren Ehemann zu beseitigen, um dessen Lebensversicherung kassieren zu können. Im Beisein der Frau(!) töten beide den Mann und laden die Leiche in einer belgischen Ortschaft ab. Doch die Polizei kommt den Dreien auf die Spur. Nach drei Jahren Prozess lautet das Urteil: 13 Jahre Haft für die Mörder. Die Lehrerin kommt für 23 Jahre hinter Gitter – weil diese den eigentlichen Mordplan geschmiedet hatte (vgl. Proff, 2021). Emilie Caspar verfolgte den Prozess 2013 in den Medien. Sie fragt sich seitdem, ob es gerecht ist, dass diejenigen, die die Tat letztlich begangen hatten, weniger bestraft wurden.

Auch Milgram gelangte am Ende zu der Schlussfolgerung, dass das Böse in vielen von uns schlummert – vor allem, wenn wir meinen, einer höheren Instanz folgen zu müssen. Was man so alles von ein paar vermeintlichen Stromschlägen lernen kann …

In Kürze:

- Es gibt mehrere Antriebe für das Böse in uns – und mindestens so viele Motive zur Unterordnung. Gehorsam ist insofern ein überzeitliches Allerwelts-Phänomen. Milgram unterschied übrigens streng zwischen Konformität und Gehorsam – Salomon Aschs Probanden verhielten sich gruppenkonform. Milgrams Probanden hingegen gehorchten dem Versuchsleiter, d. h. befanden sich in einer hierarchischen Struktur.
- Zivilcourage ist keine Selbstverständlichkeit! Sie hängt auch nicht ab vom Geschlecht, Alter oder gar Bildungsgrad eines Menschen. Die allermeisten von uns sind

(leider) verführbar. Mit dem richtigen Schlüssel lässt sich fast jede Tür aufschließen.

- Menschen in Gruppen oder Teams neigen zur Verantwortungsdiffusion sowie zum Druck auf Abweichler. Deshalb sollte auf ein (nur situativ bzw. individuell zu bestimmendes) Mindestmaß an Diversität geachtet werden.
- Gegenseitiger Respekt erleichtert das Zusammenleben und ziert den Menschen. Zuviel Respekt kann aber schädlich sein: er unterdrückt das kritische Zweifeln und den oft dringend notwendigen Widerspruchsgeist – gerade gegenüber »Autoritäten«.

Epilog Episode 2

Wenn Frau Bergmann also morgen wieder in ihr Großraumbüro geht, sollte sie sich mit ihren Kollegen mal vertraulich austauschen. Möglicherweise haben ihre Kolleginnen ein ebenso schlechtes Gefühl bei ihren täglichen Deals und trauen sich bloß nicht, dies als Einzelperson vorzubringen. Die Chefin des Vertriebsteams ist schließlich nicht allmächtig – auch ihr könnte man als Kollektiv mit gebündelter Stärke vermutlich wirksam in die Parade fahren. Schließlich braucht diese ihre Verkäuferinnen ja genauso nötig wie diese ihre Chefin.
Vielleicht hat sie sogar manches Mal selbst ein flaues Gefühl in der Magengegend – und spricht darüber mal offen mit der Geschäftsführung. Wenigstens die Vorgabe, immer die absolut maximale Zahlungsbereitschaft ihrer Kundinnen abzugreifen, könnte man ja vielleicht ein wenig abmildern. Und muss es wirklich immer zum Abschluss eines Kaufvertrags kommen?

VI. Literatur zum Gehorsams-Experiment

Aronson, E./Wilson.T./Akert, R. (2004): Sozialpsychologie, 4. Aufl., München.

Kellerman, B. (2004): Bad Leadership. What it is, how it happens, why it matters, Boston.

Kuhn, T./Weibler, J. (2012): Führungsethik in Organisationen, Stuttgart.

Kuhn, T./Weibler, J. (2020): Bad Leadership, München.

Milgram, S. (1982): Das Milgram-Experiment. Zur Gehorsamsbereitschaft gegenüber Autorität, Reinbeck.

Milgram, S. (1963): A Behavioral Study of Obedience. In: *Journal of Abnormal and Social Psychology*, Vol. 67 (4), S. 371–378.

Schneider, R. (2006): Das Buch der verrückten Experimente, 3. Aufl., München.

Slater, L. (2018): Von Menschen und Ratten, 6. Aufl., Weinheim.

Proff, I. (2021): Weltreisende in Sachen Gehorsam. In: *Gehirn & Geist*, S. 56–61.

Zimbardo, P. (2008): Der Luzifer-Effekt. Die Macht der Umstände und die Psychologie des Bösen, Heidelberg.

Kapitel 3

Können allein die Erwartungen eines Vorgesetzten die Leistung der Mitarbeiter verbessern?

Die Macht selbsterfüllender Prophezeiungen
(Robert Rosenthal)

Episode 3

Herr Scholz ist ein wirklich netter Lehrer – den hätte man damals selbst gern in der Schule gehabt. Er lässt so manches durchgehen und ist wirklich alles andere als pingelig. Nur zwei Kinder hat er streng im Auge: die Andrea und den Moritz. Denen lässt er aber nun auch wirklich gar nichts durchgehen. Wehe die kommen unpünktlich – und ihre Hausaufgaben schaut er besonders ausgiebig durch. Die Armen.
Aber merkwürdig: die Andrea und der Moritz zählen zu den Klassenbesten. Eine »Vier« haben die schon lange nicht mehr gekriegt. Dabei war das bei denen in den früheren Klassen auch schon mal ganz anders. Herr Scholz lässt sie neuerdings auch gern nach dem Unterricht noch einmal zu sich kommen. Gibt er ihnen etwa Extra-Tipps?
Jedenfalls scheint er etwas von ihnen zu halten …

I. Aufbau und Ablauf des Oak School-Experiments

Kennen Sie einen Herrn namens Pygmalion? Dieser war ein mythischer griechisch-zypriotischer König. Da er einfach keine passende Frau für sich finden konnte, schnitzte er sich aus Elfenbein eine ideale Gefährtin. Offenbar hatte der König ein künstlerisches Talent: Er verliebte sich prompt in sein Werk – und Aphrodite, die Göttin der Liebe, hatte einen guten Tag, erfüllte ihm den Wunsch und erweckte die Angebetete zu wirklichem Leben.

Ins Grundsätzliche übertragen findet sich der Gedanke, einen anderen Menschen nach den eigenen Erwartungen mit den gewünschten Eigenschaften selbst erschaffen zu können, in der gesamten abendländischen Kulturgeschichte. Der irische Dramatiker George Bernhard Shaw hat daraus eines der erfolgreichsten Bühnenstücke der Theatergeschichte gemacht (als Musical und Kinofilm: *My fair lady*). Eliza Doolittle, das Blumenmädchen mit dem rüden Jargon der *working class*, trifft hierin auf den Phonetik-Professor Higgins. Dieser bringt ihr nicht nur feines Benehmen und ein perfektes Englisch bei, sondern kommt am Ende seiner Bemühungen zu der Erkenntnis: »Sehen Sie, wenn man davon absieht, was jeder sich leicht aneignet – sich hübsch anziehen, richtige Aussprache usw. –, dann besteht der Unterschied zwischen einer Dame und einem Blumenmädchen wahrhaftig nicht in ihrem Benehmen, sondern darin, wie man sich gegen sie benimmt.« Es ist also keine Übertreibung: Unsere Erwartungen können die Welt um uns herum verändern.

Viele von uns haben das bereits erfahren: Wenn man seinen unmittelbaren Mitmenschen mit einer positiven Voreinstellung begegnet, erntet man im Gegenzug meist auch ein entsprechendes Verhalten seines Gegenübers. Diese Erfahrung gilt mindestens so sehr auch für eine negative Voreinstellung. In einem speziellen sozialen Ökosystem, nämlich einer Grundschule in Boston, hat ein deutsch-amerikanischer Wissenschaftler diese Erfahrung bereits 1968 bestätigen können: **Robert Rosenthal** – ein 1933 in Gießen geborener Sozialpsychologe. Er tat dies zusammen mit seiner Assistentin **Leonore Jacobson**. Beide gingen in verschiedene Grundschulen in Boston und führten dort von 1964 bis 1966, über das gesamte Schuljahr verteilt, diverse Fähigkeits-, Kompetenz- und Intelligenztests bei den Schülern durch. Wichtig dabei: Es gab gezielt »geframte« Vorinformationen; zuvor wurden nämlich die Lehrkräfte darüber informiert, dass es in ihrer Klasse einige sehr vielversprechende Schülerinnen und Schüler gäbe, denen

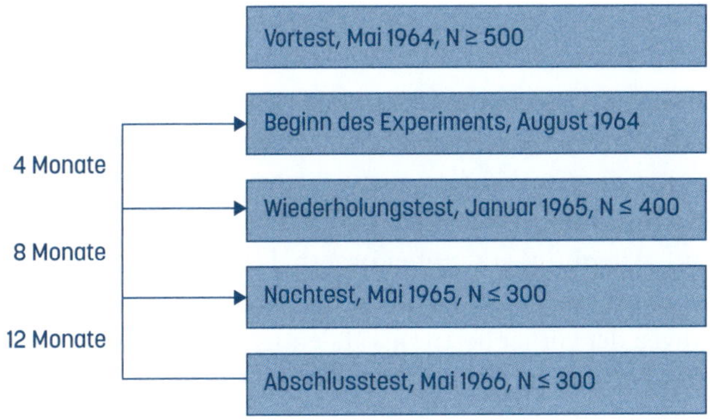

Abb. 3.1 Versuchsablauf (eigene Darstellung nach Rosenthal/Jacobson, 1971, S. 92)

verschiedene Test bereits gute Lernanlagen attestiert haben. Etwa 20 % der Schüler wurden zu sog. »Schnellentwicklern« oder »Überfliegern« erklärt. Ihre Lehrer erhielten dazu eine entsprechende Namensliste. Andere Schüler wurden hingegen intern als unterdurchschnittlich begabt eingeführt. Diesen Schülern – und ihren Eltern – sagte man davon natürlich nichts. Zugleich wurde den Lehrern nochmals (fälschlich!) eingeschärft, dass der Test auch einen plötzlichen, intellektuellen Entwicklungssprung von Kindern vorhersagen könne. Aus ethischen Gründen verzichtete Rosenthal übrigens auf eine negative Prägung der Erwartungshaltung der Lehrer, damit kein Schüler anschließend einen Nachteil, höchstens einen Vorteil durch die Untersuchung erhalten würde. Natürlich war Rosenthal nicht während des gesamten Schuljahres anwesend, hatte aber zuvor mehrere Klassenvisiten organisiert. Der Zeitablauf seiner Untersuchung war also: Vor-Test – Wiederholungstest acht Monate danach – Abschlusstest zwei Jahre nach dem Vor-Test. Die Schüler wurden somit innerhalb von zwei Jahren dreimal inspiziert.

Als Messinstrument der intellektuellen Entwicklung der Schüler fand der Intelligenztest von Flanagan Anwendung: der »Test of General Ability« (TOGA). Dieser Test erhebt valide vor allem verbale Fähigkeiten und schlussfolgerndes Denken. Parallel mituntersuchte Variablen waren das Alter, das Geschlecht und der jeweilige Minoritätsgruppenstatus der Schüler. Diese wurden dann in ihrer jeweiligen Jahrgangsstufe nach ihren individuellen schulischen Fähigkeiten eingeteilt. So entstanden letztlich drei unterschiedliche Leistungsklassen je Kohorte (sog. »Züge«) mit insgesamt 60 Kindern.

II. Ergebnisse

Real hatte das Ganze natürlich einen Schönheitsfehler: Denn die Namen der als »talentiert« vorgestellten Kinder wurden *nach einem einfachen Zufallsprinzip ausgewählt*; die untersuchten Mädchen und Jungen wiesen de facto im Mittelwert *keinerlei Unterschiede* zu den anderen Mitschülern auf. Allerdings erkannte Rosenthal, als er ein halbes Jahr nach Ende des Experiments noch einmal die Schulklasse betrat, dass sich die Leistungen der vorher bereits als »talentiert« erkannten Schüler auch *real* verbessert hatten. Die Schüler, die im Vorhinein als besonders leitungsstark eingestuft worden waren, zeigten im Vergleich mit den anderen Schülern tatsächlich signifikant höhere IQ-Werte. Dieses Ergebnis war kein Zufall, sondern konnte in einer ganzen Reihe verschiedener Schulen repliziert werden (vgl. Rosenthal, 1995).

Rosenthal beobachtete während der Testphase genau die entstehenden Dynamiken im Klassenzimmer und führte zum Ende des Schuljahres mit allen Kindern erneut einen IQ-Test durch. Das Resultat: 30 % der vermeintlichen Überflieger erzielten am Ende des Schuljahres in einem offiziellen Intelligenztest im Schnitt 22 IQ-Punkte mehr. Fast alle hatten mindestens zehn IQ-Punkte mehr. Und auch die Schulnoten selbst waren signifikant besser. Wie ist das zu erklären? Eine tiefere Analyse des Unterrichtsverlaufs ergab: Die Lehrer waren den als überdurchschnittlich eingestuften Schülern gegenüber aufgeschlossener und schufen ihnen auch mehr Beteiligungsmöglichkeiten am Unterricht. Eine klassische *Selbsterfüllende Prophezeiung* – die positiven Erwartungen der Lehrkräfte hatten sich erfüllt.

Im Laufe weiterer Forschungen wurde dieser »Rosenthal-Effekt« bestätigt: Die Lehrer übertragen letztlich ihre Vorerwartung (unwillkürlich?) auf ein betreffendes Subjekt (hier: bestimmte Schüler), woraufhin diese sich dieser Fremdwahrnehmung anpassen. Im Detail verhielten sich die Lehrer gegenüber Schülern, an die sie eine höhere Erwartungshaltung richteten, eben anders:

- sie waren warmherziger und erzeugten ein günstigeres Arbeitsklima
- der unterrichtete Lehrstoff war von höherer Qualität und Quantität
- die Lehrer gaben den entsprechenden Schülern für ihre Aufgaben z. T. mehr Zeit
- sie gaben den starken Schülern deutlich mehr Rückmeldungen und

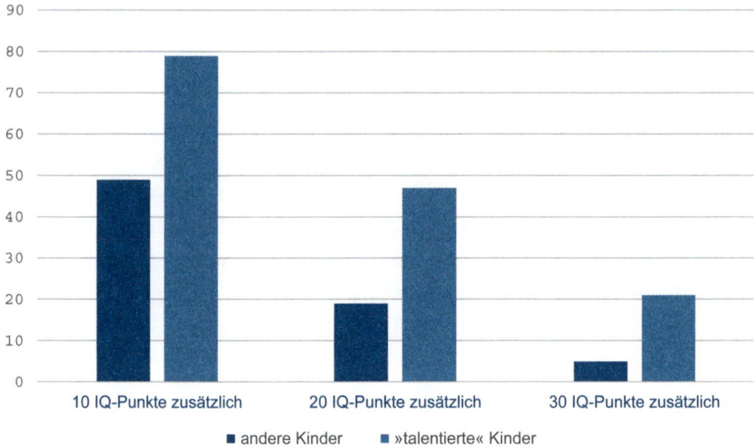

Abb. 3.2 Prozentsätze von Kindern, die IQ-Steigerung aufwiesen (Quelle: Rosenthal/Jacobson, 1971, S. 100)

- sie bedachten die als begabt eingestuften Kinder insgesamt mit mehr Aufmerksamkeit und Ermutigung (vgl. Aronson et al., 2004; McNatt, 2000; Snyder, 1984).

Dieses Verhalten ist vielleicht nicht ethisch oder gar pädagogisch vorbildlich, aber in der Praxis durchaus nachvollziehbar: Auch Lehrer haben, insbesondere in sehr großen Klassen, nur begrenzt Zeit und Aufmerksamkeitsressourcen. So neigen einige aus einsichtigen Gründen dazu, ihre Zeit eben »ökonomisch« auf die begabtesten Schüler zu konzentrieren. Man kann davon ausgehen, dass die meisten Lehrer sich ebenso gern um die Leistungsschwächsten kümmern würden, hierbei wäre der Erfolg ihrer Zusatzaufwendungen allerdings zweifelhafter. Man darf unterstellen, dass die Lehrer sich also *nicht absichtlich* »ungerecht« verhalten, sondern sich eher zeitökonomisch oder gefühlsmäßig dort besonders engagieren, wo sie auch den größten Lernzuwachs vermuten (vgl. Brophy, 1983).

Wichtig ist es, nochmals festzuhalten, dass derartige Festlegungen keineswegs immer auf bewusste, das heißt *absichtliche* Handlungen zurückgehen, sondern oft eher ein Beispiel für zufällige Ko-Inzidenzen oder instinktives Handeln (»Bauchgefühl«) sind. Ihre Wirkung kann dennoch genauso verheerend sein wie bei intendierten Handlungen. Beispiel: Wenn alle Börsianer mit fallenden Kursen rechnen, dann werden sie ihre Aktien auf breiter Front verkaufen und so tatsächlich fallende Kurse oder gar eine Börsendepression hervorrufen. Die Ausgangsvermutung hat sich erfüllt. Wenn viele Autofahrer in der Zeitung von steigenden Ölpreisen lesen, werden sie möglichst bald zur nächsten Tankstelle fahren und von dort besonders viel Benzin mitnehmen wollen – dies verknappt dann nicht nur den Ölbestand, sondern wirkt durch die sprunghaft erhöhte Nachfrage an der Tankstelle am Ende tatsächlich preistreibend für alle. Im Finanzsektor fürchtet man nicht umsonst das bekannte Phänomen des *bank-run*, das sich zum Beispiel während der letzten Finanzkrise 2014 in Griechenland oder Irland zeigte. Den Banken geht das Geld aus? Ganze Weltreiche und Finanzdynastien sind auf diese Weise schon untergegangen ...

III. Was können wir aus diesem Experiment lernen?

Die individuell fixierten Erwartungshaltungen von Lehrern gegenüber ihren Schülern bestimmen ihr jeweiliges pädagogisches Handeln und beeinflussen damit nachhaltig sowohl das Leistungsverhalten als auch die sich herausbildende Leistungsstärke der einzelnen Schüler. Wahrscheinlich wäre alles ganz anders gelaufen, wenn man die Lehrer der Oak School ihre IQ-Tests einfach ohne jede Vorinformation hätte durchführen lassen. Denn der einzige Unterschied, den es zwischen den einzelnen Schülern im Mittel gab, entstand letztlich in den Köpfen der Lehrer. Über verschlungene kognitive und emotionale Prozesse werden so aus gehegten Vor-Erwartungen irgendwann handfeste Realitäten!

Prozessual vollzieht sich eine derartige Selbsterfüllende Prophezeiung in drei Stufen:

1. Eine Person A hegt gegenüber einer Person B eine bestimmte Erwartung, hier: was ihre intellektuelle Leistungsfähigkeit oder ihr Lernverhalten anbelangt.
2. Diese »Voreinstellung« beeinflusst zunächst das Verhalten der beurteilenden Person A.
3. Die so behandelte Person B verhält sich ebenfalls konsistent mit den ursprünglich gehegten Überzeugungen des Anderen – und sorgt so letztlich dafür, dass die zunächst einseitigen Vor-Erwartungen zur gelebten Realität werden.

Das absolut Skurrile ist: Dieser Wirkmechanismus funktioniert nicht nur bei uns heutigen, aufgeklärten (Büro-)Menschen, sondern auch bei

Ratten. Ob Sie es glauben oder nicht: Rosenthal selbst führte bereits vor dem Oak School-Experiment Untersuchungen durch – im Tierreich! Auch hier ging es um die Erwartungshaltung von Versuchsleitern bzw. Trainern. Nein, nicht beim Tennis oder Handball: Rosenthal untersuchte 1963 die bereits skizzierte *Self-fulfilling prophecy* zunächst an Ratten.

Verschiedenen Versuchsleitern (»Trainern«) übergab er Ratten, die – so wurde es zumindest ihren Trainern suggeriert – durch Inzucht besonders »klug« bzw. besonders »dumm« gezüchtet wurden. Eine Hälfte der Versuchsleiter bzw. Trainer bekam »dumme« Ratten, die andere Hälfte »kluge« Ratten. Die Probanden bekamen dann fünf Tage Zeit, die ihnen zugewiesenen Ratten für das Lösen von vorgegebenen Aufgaben zu trainieren – u. a. musste ein verschlungener Labyrinth-Weg möglichst schnell bis zum Zielpunkt durchlaufen werden (von der Ratte selbstverständlich). Beinahe magisch: Es zeigte sich, dass die vermeintlich klugen Ratten eine konstante Leistungssteigerung von Tag zu Tag zeigten, während die vermeintlich minderbemittelten Ratten nach dem dritten Tag keine Fortschritte mehr, sondern sogar Rückschritte im Lernprozess hatten. Sie verliefen sich öfter oder drehten einfach Richtung Start um.

Und noch grotesker: Zum Schluss mussten die Ratten von ihren Versuchsleitern bewertet werden. Im Allgemeinen wurden die »klugen« Ratten als *»erfreulicher und liebenswerter«*, sowie das Verhalten der Versuchsleiter gegenüber den Ratten als *»entspannter, angenehmer, freundlicher, begeisterter und weniger geschwätzig«* beschrieben (Rosenthal/Jacobson, 1971, S. 52 ff.). Kann man Rosenthals Experiment am Ende auch zur Verbesserung der Geschicklichkeit von Kanarienvögeln verwenden …?

IV. Bedeutung und Kritik

Der Rosenthal-Effekt kreist um ein psychologisches Phänomen – er handelt von dem Einfluss, den die schiere Erwartungshaltung eines Menschen gegenüber einem (oder mehreren) anderen Menschen hat. Das menschliche Verhalten wird demnach nicht nur durch explizite Regeln oder direkte Anordnungen beeinflusst, sondern ggf. allein schon durch das Wissen um die Wünsche, Hoffnungen oder eben auch Erwartungen für uns wichtiger Menschen. Dieser Umstand wird auch *Versuchsleiter-Effekt* oder *Pygmalion-Effekt* genannt. Es handelt sich hierbei um eine sog. Selbsterfüllende Prophezeiung (*self-fulfilling prophecy*).

Damit besitzt der Rosenthal-Effekt eine außerordentlich **große Relevanz** – er wird nicht zufällig in fast allen Lehrbüchern der Pädagogik oder der Erziehungswissenschaft beschrieben. Aber seine Implikationen spielen auch im Bereich der Mitarbeiter- oder Teamführung eine nicht zu unterschätzende Rolle. Das dahinterstehende Wirkungsmuster wurde im Laufe der Jahre Gegenstand zahlreicher Studien und Anwendungen. Anschaulich kann er in dem beliebten Vorweihnachtsfilm *Der kleine Lord (1980)* beobachtet werden. In dieser Geschichte hat der titelgebende, etwa zehnjährige, empathisch-mitfühlende »Nachwuchs-Lord« eine ganz bestimmte Erwartungshaltung davon, wie sich ein Großvater gegenüber seinem Enkel, aber auch gegenüber anderen Mitmenschen (Bauern, Dienstpersonal, engen Verwandten) zu verhalten hat. Der Großvater (verkörpert von Alec Guinness), der anfangs in keinster Weise dem üblichen, d. h. sympathisch-gütigen Großvater-Bild entspricht, entwickelt sich im Laufe des Films durch die sanfte Einwirkung seines Enkels immer mehr zu dem Typ Großvater, den man sich üblicherweise wünscht. Insbesondere in einem Vorweihnachtsfilm …

Bevor Rosenthal den Einfluss der Lehrererwartung auf die Leistung von Schülern untersuchte, tat dies auch schon Clifford Pitt. Wie Rosenthal etwas später, nutzte auch Pitt die Veränderung von IQ-Werten als Messinstrument zur Bestimmung der Leistungssteigerung von Schülern. Tatsächlich gibt es auf dem Forschungsfeld der Selbsterfüllenden Prophezeiungen bereits seit über 100 Jahren unzählige Untersuchungen. Auch wenn die klassische Definition einer Selbsterfüllenden Prophezeiung erst 1948 von dem Soziologen Robert K. Merton formuliert wurde, scheint ihre sprachliche Ausformung auch heute noch nützlich zu sein: »The self-fulfilling prophecy is, in the beginning, a false definition of the situation evoking a new behavior which makes the originally false conception come true« (Merton, 1948, S. 195). Wie gezeigt, gilt dies sogar für die Lernerfolge von Ratten …

Allerdings: Selbst nach über einem halben Jahrhundert besteht immer noch keine vollkommene Klarheit über die exakte Wirkungsweise des Phänomens sowie die für eine saubere Effektmessung nötigen Rahmenbedingungen. Ob der Effekt willentlich herbeigeführt werden kann, hängt u. a. auch vom Alter, der Herkunft sowie dem sozialen Umfeld der Probanden ab. Die Beobachtungen des Oak School-Experiments wurden in zahlreichen Studien überprüft bzw. zu replizieren versucht. Bereits 1994 konstatierte Rosenthal, dass es weltweit über

400 Studien gäbe, die sein Oak School-Experiment aufgegriffen hätten. Allerdings: Rosenthals Studien zu Self-fulfilling prophecies, so wegweisend sie auch sein mögen, waren bei weitem nicht die ersten. Bereits ein paar Jahrzehnte zuvor gab es Untersuchungen, die Rosenthal in seiner Arbeit beeinflussten. Für den erwarteten Effekt bedarf es offenbar auch einer Beziehung von Personen *unterschiedlich hierarchischer Ebenen*. Die notwendige hierarchische Beziehung wird auch als Grund dafür gesehen, dass der Effekt im Unternehmensumfeld in Summe seltener herbeigeführt werden kann als zum Beispiel im schulischen oder auch militärischen Bereich (vgl. Sutton/Woodman, 1989). In diesen beiden Systemen ist die Rangordnung schließlich deutlich ausgeprägter und auch unangefochtener als in Unternehmen. Darüber hinaus wurde Rosenthal und Jacobson ein Hang zur Verallgemeinerung vorgeworfen.

Ein zweiter Kritikpunkt ist der verwendete Intelligenztest – der TOGA. Dieser war nach heutigem Erkenntnisstand für die Altersgruppe der untersten drei Klassenstufen nicht wirklich ausgelegt. Es ist auffällig, dass die zwei untersten Jahrgangsstufen den ausgeprägtesten Erwartungsvorteil aufwiesen. Für die höheren Jahrgänge, in denen TOGA offenbar methodisch valider angewendet werden kann, fällt der Erwartungsvorteil geringer bzw. im höchsten Jahrgang sogar negativ aus. Heutigen Wissenschaftsstatistikern kommen Rosenthals Schlussfolgerungen daher ein wenig übertrieben und teilweise »dramatisiert« vor. Das Experiment von Robert Rosenthal und Leonore Jacobson wurde gleichwohl zu einer der berühmtesten Studien in der Geschichte der Sozialpsychologie. In einem Punkt scheinen sich alle einig zu sein: Die Oak School-Experimente sind ein Meilenstein der sozialen Erwartungsforschung.

V. Transfer: Was bedeutet das Oak School-Experiment für die Führungspraxis?

»*In Stellenanzeigen suchte man Mitarbeiter; es kamen jedoch Menschen*« hat Max Frisch einmal gemeint. Dass Mitarbeiter nicht nur sachrationale Funktionsträger sind, sondern auch Emotionen haben, wird von der betrieblichen Praxis nicht selten ignoriert. Begriffe wie Leidenschaft, Vertrauen, Sympathie oder Furcht tauchen auch in den Modellen der Wirtschaftswissenschaft nur selten auf. Wie bei »Pygmalion« gesehen, dürfen die einem Menschen immanenten Voreinstellungen und Vorerwartungen jedoch nie außer Acht gelassen werden: Denn der

Rosenthal-Effekt ist natürlich nicht nur im Bereich der Lehre zu finden; er spielt allgemein in der Führung bzw. Anleitung von Personen durch hierarchisch Höhergestellte eine besondere Rolle.

Die an einen Menschen gerichteten Erwartungen können letztlich aber *in beide Richtungen* eine lenkende Kraft entwickeln – also ermutigend oder eben entmutigend wirken. Eine Teamleiterin im Betrieb oder ein Fußballtrainer können unter gewissen Bedingungen natürlich ihre Anvertrauten »starkreden«. Dem Fußballtrainer Jürgen Klopp ist das schon mehrfach gelungen. Sichtbar geworden ist das bei einem Champions League-Spiel seines damaligen Vereins Borussia Dortmund. Sein Team lag gegen eine englische Mannschaft schon aussichtslos zur Pause 1:3 zurück. Jürgen Klopp ließ seinen Videocoach dann in der Halbzeitkabine ausschließlich die guten Spielzüge seiner Angreifer vorführen und kommentierte das mit den Worten »so hätten wir sie packen können«. Kurzum: Er gab seinen Spielern trotz des hohen Rückstands weiterhin Selbstvertrauen; oder wie die Sportpsychologen sagen würden: Er stärkte die Selbstwirksamkeitserwartung seines Teams. Kein Grund zu resignieren: Unser Gegner zeigt sichtbare Schwächen – und »die müssen wir nur in der 2. Hälfte besser ausnutzen!«

Hier noch einmal die Wirkungskette in bildlicher Form:

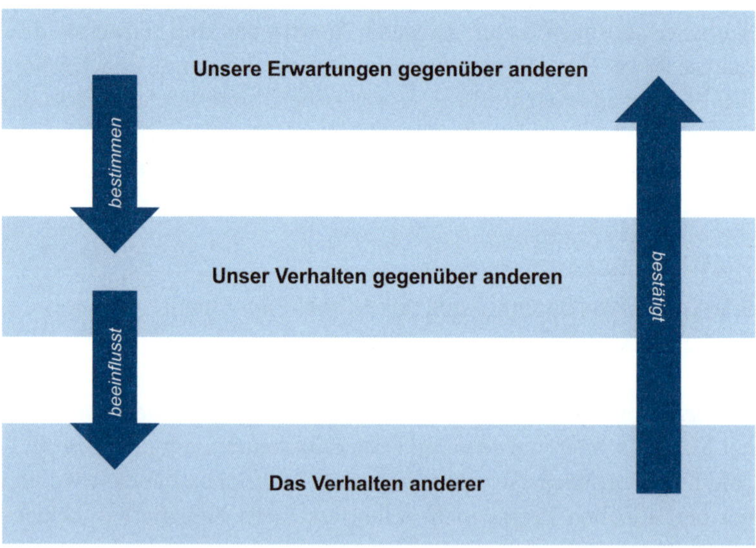

Abb. 3.3 Selbsterfüllende Prophezeiung (eigene Darstellung)

Natürlich führen stärkenorientiertes Führen und positives Denken nicht zwangsläufig zu einer Verbesserung von Arbeitsleistungen – aber schaden dürfte diese Einstellung doch wohl auch nicht, oder? Ach ja: Borussia Dortmund hat das Spiel noch 4:3 gewonnen!

Aber Vorsicht: Dass man Mitarbeiter mit den eigenen Vorannahmen auch systematisch *entmutigen* kann, zeigt eine wahre Geschichte aus der Versicherungsbranche (charmant erzählt von Livingston, 1990). Sie unterstreicht noch einmal die beidseitige Wirkungsrichtung persönlicher Voreinstellungen. In der **Rockaway-Versicherungsgruppe**, einem Unternehmen der Metropolitan Life Insurance Comp., wurden die verschiedenen Versicherungsagenten in den 1960er Jahren in drei Arbeitsgruppen eingeteilt: Spitzengruppe, Durchschnittsgruppe, Verlierergruppe. Anschließend teilte man die Gruppenleiter zu: der bislang erfolgreichste Gruppenleiter kam zu den besten Versicherungsagenten, der durchschnittlich erfolgreiche Gruppenleiter zu den mittelmäßigen Agenten und der schwächste Gruppenleiter zum bislang leistungsschwächsten Team, also dem mit den wenigsten Abschlüssen.

Die Macht der unterschiedlichen Leistungserwartungen zeigte sich schnell: Die Leistung der Spitzengruppe stieg weiter an; die Verlierergruppe wurde noch schwächer und sank im firmeninternen Ranking weiter ab. Aber Preisfrage: Was geschah mit der Durchschnittsgruppe? Diese erhielt kurz vorher eine neue Chefin – und diese war ganz und gar nicht gewillt, im firmeninternen Konkurrenzkampf zu kapitulieren. Sie stachelte ihre Mitarbeiter an, schickte sie zu diversen Weiterbildungsseminaren und führte regelmäßige interne Coachings ein. Resultat: die Versicherungsagenten entwickelten mit der Zeit eine gesunde Wettbewerbsmentalität und nach und nach verbesserte sich dann auch die Zahl der neuen Versicherungsabschlüsse. Hegen Vorgesetzte hohe Erwartungen, leisten die Mitarbeiter i. d. R. auch Überdurchschnittliches. Äußern sie niedrige Erwartungen, leisten die Mitarbeiter tendenziell weniger (vgl. Eden, 1990).

Im Hintergrund wirken also – im Berufs- wie im Privatleben – sog. *implizite Persönlichkeitstheorien*. Diese sind bereits vor vielen Jahren in einem Beststeller des Managementprofessors **Douglas McGregor** (»The Human Side of Enterprise«) als »Theorie X« und »Theorie Y« anschaulich gekennzeichnet worden. Demnach gehen die meisten Manager von falschen Grundannahmen über die ihnen anvertrauten Menschen aus. Beispielsweise glaubten überdurchschnittlich viele Führungskräfte, dass ihre Angestellten grundsätzlich nicht gerne arbeiten. Die meisten würden sich auch davor fürchten, Verantwortung zu übernehmen. Das ist die von McGregor so genannte *Theorie X*. Sie verkörpert damit die skeptische, dunkle Sicht des Arbeitgebers auf die Arbeitnehmer. Aus diesem Grund müssten die meisten Menschen an ihrem Arbeitsplatz kontrolliert werden – und leisten insofern eher aus Angst vor Strafe (also letztlich fremdbestimmt) ihren Beitrag zum Erreichen der Organisationsziele.

Diese Sicht ist natürlich nicht so erfreulich (und nützlich) wie die optimistischere Theorie Y. Die geht nämlich davon aus, dass eigentlich jeder Mensch in seiner privaten wie auch dienstlichen Arbeit ein wichtiges Feld seiner Selbstverwirklichung sieht. Wieso sollten denn sonst so viele Menschen mehrere Wochen aufwenden, um ein 10.000-Teile-Puzzle zusammenzusetzten? Analog hat also auch ein »normaler« Mitarbeiter keinen angeborenen Widerwillen gegen seine Arbeit und versucht nicht ständig, sich bestmöglich vor ihr zu drücken. Wenn sich der tätige Mensch also mit den Zielen seines beruflichen Umfeldes – d. h. letztlich mit den Zielen seiner Organisation – identifiziert, dann sind permanente Leistungs- und Arbeitskontrollen durch Dritte am Ende fast überflüssig. Der Beschäftigen-Typ nach Theorie Y entwickelt im Ideal eigene Initiative und benötigt dann auch keine äußeren Anschübe oder Belohnungen.

Im Überblick erbringt das Schulexperiment von Rosenthal folgende Lektionen für die Leadership-Praxis:

1. **Vorsicht vor offen gezeigtem Misstrauen!**
   Ein chronisch misstrauischer Vorgesetzter kann schnell die Stimmung verderben und demotivieren. Denn sein grundsätzliches Misstrauen gegenüber jedermann führt oft dazu, dass er strenge Regeln setzt, Ankunftszeiten kontrolliert, Zwischenarbeitsproben verlangt – kurz: ein engmaschiges bürokratisches Kontrollsystem aufbaut. Dies wiederum dürfte irgendwann auch den motiviertesten Mitarbeiter frustrieren – Motivation und Selbstvertrauen sind dann im Keller. Zugleich kommt eine unselige Negativspirale in Gang, denn die dann höchstwahrscheinlich schlechteren Arbeitsergebnisse bleiben dem Mitarbeiter ja nicht verborgen. Sie scheinen sowohl die eigenen Defizite als auch die (anfänglich noch vom Mitarbeiter emotional zurückgewiesene) Skepsis des Vorgesetzten zu bestätigen. Die ursprüngliche Prophezeiung erfüllt sich; nur diesmal in die falsche Richtung.
2. **Vorsicht vor Stereotypen!**
   Die große Bedeutung des Einflusses externer Erwartungen auf eine beliebige Referenzperson ist schon vor Rosenthal in klassischen

Studien nachgewiesen worden. Es sei noch einmal an die Definition von Robert Merton erinnert: »*The self-fulfilling prophecy is, in the beginning, a false definition of the situation evoking a new behavior which makes the originally false conception come true*«. Einfacher gesagt: Vorsicht vor dem angeblich so wichtigen »ersten Eindruck« über eine noch unbekannte Person, die man – das ist der misstrauisch konditionierte Neandertaler in uns – oft vorschnell kategorisiert. Vorurteile werden schnell zu fixierten Urteilen. Und die gibt ein Mensch ungern wieder auf. Dies gilt auch für die inhärenten Menschenbilder im Kopf von Führungskräften.

Das Forschungsfeld der selbsterfüllenden Prophezeiung berührt sich letztlich sowohl mit der sog. Erwartungstheorie als auch mit der soziologischen Rollentheorie sowie den Erkenntnissen zur Selbstwirksamkeit von Menschen. Daher gehen wir in unserer Rubrik organisationaler Wandel darauf gern noch einmal ausführlicher ein.

3. **Wie man in den Wald hineinruft, so schallt es auch wieder heraus**
Häufig ergibt sich das Verhalten einer Person am Arbeitsplatz (analog in der Schule, in einer Partei etc.) vor allen Dingen aus den Erwartungen, die von den anderen Mitgliedern einer sozialen Gruppe oder Organisationseinheit an diese gerichtet werden. Das Wissen um Rosenthals Experiment kann insofern ein wichtiger Bestandteil der Mitarbeiterführung sein: es verdeutlicht die realen Wechselwirkungen, die zwischen Motivation, Leistung und Erwartungshaltung von Menschen bestehen. Viel häufiger als vermutet tun Untergebene eben genau das, was (zumindest ihrer Ansicht nach) von ihnen erwartet wird. Dass Mitarbeiter umso mehr leisten, je mehr ihre Vorgesetzten von ihnen erwarten, ist dann natürlich plausibel. Aber diese Logik funktioniert, wie gesagt, in beide Richtungen: So wie aus hohen Erwartungen – die entsprechende Mindestbegabung natürlich vorausgesetzt – überdurchschnittliche Leistungen werden, so resultieren aus negativen Erwartungen höchstwahrscheinlich auch entsprechend schlechte Arbeitsergebnisse.

In der Vergangenheit erfolglose Menschen können nur über Umwege ihre Selbstachtung bewahren. Als Antwort auf die niedrigen Erwartungen des Managements versuchen sie üblicherweise, ihrem Ego nicht weiter zu schaden. Sie tun dies u. a., indem sie Situationen ausweichen, die sie zu weiteren Misserfolgen führen könnten (zum Beispiel eigene Vorschläge machen, neue Wege beschreiten, andere Herausforderungen suchen). Niedrige Selbst- und Fremderwartungen erhöhen also das Risiko des Scheiterns; Optimistische Erfolgs-

sucher hingegen werden durch die hohen Ziele und Erwartungen des Managements angespornt – ihr Selbstvertrauen wächst.
Die Führungskräfte haben mit ihren artikulierten Ansprüchen daher einen wichtigen Motivationshebel in der Hand. Sie sollten daher systematisch eine fordernde Kommunikationsstrategie pflegen. Zugleich sollten Vorgesetzte gerade auch bei schwächeren Mitarbeitern weiterhin stärkenorientiert denken, also Aufgaben und Arbeitsfelder kreieren, die ihre besten Seiten ansprechen. Das verschafft auch Personen mit Defiziten und geknicktem Selbstbild Aussicht auf Bewährung und vermag so, verlorenes Selbstvertrauen schrittweise zurückzugewinnen.

4. **Durch die richtige Ansprache kann man Mitarbeiter starkreden**
Oben haben wir schon ein Beispiel aus dem Sport dazu gebracht. Was braucht es dafür? Eine optimistische Ansprache! Auf diese eigentlich schlichte Grundeinsicht sind zahllose Motivationsseminare aufgebaut: »Tschakka, Du schaffst es!«
Nach einer vom Gallup-Institut entwickelten Formel ist eine persönliche Stärke die Summe aus Talent, Wissen und Erfahrung einer Person. Interessant ist, dass viele Menschen ihre eigenen Stärken kaum wirklich zuverlässig benennen können; was sie eher erkennen, sind ihre persönlichen Defizite und Limitationen. Insbesondere bei der Personalführung ist es daher erforderlich, ein Mindestmaß an *Reflexion* und *Selbsterkenntnis* zu entwickeln. Aber eben parallel dazu auch ein *positives Mindset.*
Der bekannte Management-Vordenker aus St. Gallen, Fredmund Malik hat recht, wenn er sich in einem Interview mit dem *Manager-Magazin* 2002 von der Fixierung auf Pauschalhypothesen löst und festhält: »Jeder Sporttrainer hat gelernt, nicht auf Typen zu achten, sondern auf das individuelle Leistungsprofil jedes einzelnen Sportlers. Wer sich auf Menschenbilder fixiert, läuft nicht nur Gefahr, dem Menschen Unrecht zu tun, sondern er vernachlässigt das Wichtigste im Management – nämlich herauszufinden, was der Einzelne kann, welche Stärken und Potentiale er hat, und ihn dort einzusetzen, wo er seinen Beitrag zu leisten vermag«.

5. **Die neu im Unternehmen ankommenden Mitarbeiter sollten in den ersten Wochen auf keinen Fall unbetreut bleiben. Dies gilt besonders für frisch eingestellte Personen (wie zum Beispiel Lehrlinge)**
Ein weiteres, erwähnenswertes Resultat des Experiments: Je niedriger die Klassenstufe der Getesteten war, desto höher war am

Ende der Erwartungsvorteil, den die »vorinformierten« Lehrer gewährten. Könnte man diese Erfahrung nahtlos auf die Welt der Wirtschaft übertragen, dann hieße das, dass der fachliche oder ggf. auch pädagogische Einfluss eines Vorgesetzten auf seine Untergebenen in den ersten Kontaktjahren am größten ist. Dies deckt sich mit Erkenntnissen der Entwicklungspsychologie: in seinen jungen Jahren ist der Mensch am ehesten formbar. Das alte Sprichwort »Was Hänschen nicht lernt, lernt Hans nimmermehr« ist allerdings überholt und widerlegt: Wir wissen durch die Neurologie heute von der sog. Neuroplastizität des Gehirns; d.h. im mentalen Bereich sind bei uns Menschen immer noch diverse Veränderungen möglich.

Diese Erkenntnis ist natürlich gerade für die sog. organisationale Sozialisation bedeutsam. Gerade die Werte der (oftmals branchenspezifischen!) Unternehmenskultur müssen frühzeitig, klar und eindeutig vermittelt werden. Die Praxis spricht dann gern von einem systematischen *on-boarding*. Die Notwendigkeit dieser sog. Enkulturation – also der absichtlichen oder auch unwissentlichen Vermittlung persönlicher oder auch firmenspezifischer Werte und Normen (z.B. oft bereits über die ureigene Firmenkultur) gilt selbstverständlich für alle Neuangestellten. Sie alle müssen erst psychologisch und sozial in ihrer neuen Arbeitsumgebung ankommen, also in gewisser Weise neu »erschaffen« werden. Rosenthal gab seinen Beobachtungen ja nicht umsonst den Namen eines Schöpfers: »Pygmalion«!

In Kürze:

- Lieber einen Mitarbeiter über- als unterschätzen! Persönliche Leistungsgrenzen zeigen sich schon früh genug; diese sollten aber kein Anlass für Tadel oder gar Sanktionen sein, sondern stellen letztlich wertvolle Hinweise für gezielte Optimierungsansätze dar. Möglichkeiten, sich weiter fachlich oder menschlich zu verbessern, hat wohl jeder von uns. Es gibt immer noch ein bisschen »Luft nach oben«.
- Wichtig ist ferner ein optimistisches Grundnaturell, verbunden mit einem angemessenen Selbstvertrauen. Eine typisch amerikanisch-Redensart lautet: »Just

do it!«. Auch Rückschläge und Zweifel werden mit einer positiven Grundeinstellung am Ende besser weggesteckt.

- Weder Auszubildende noch Top-Manager dürfen nach Job-Antritt alleingelassen werden. Erkenntnisse der Entwicklungspsychologie lehren uns, dass es bei der wertevermittelnden Sozialisation im Betrieb vor allem auf die ganz frühen Berufsphasen ankommt – hier werden die entscheidenden Grundlagen für das spätere Arbeits- und Sozialverhalten gelegt.

Epilog Episode 3

Wenn Herr Scholz gute Bücher liest – so wie zum Beispiel dieses hier – dann wird er lernen, sein Verhalten im Klassenraum stärker zu reflektieren. Andernfalls übersieht er vielleicht Schüler, die ein deutlich größeres Potential in ihren schulischen Leistungen besitzen und fördert dieses leider nur unzureichend. So manches stille Talent würde er dann übersehen. Das wäre gerade in unserer Zeit, mit ihrem deutlich spürbaren Fachkräftemangel verheerend. Es ist daher nicht nur ein ganz praktisches, sondern auch ein ethisches Gebot, möglichst allen Anvertrauten (Kindern, Schülern, Auszubildenden und auch reiferen Arbeitnehmern) optimistisch, vorurteilsfrei und mit pädagogischem Einsatz zu begegnen. Eben die Macht des positiven Denkens …

VI. Literatur zum Oak School-Experiment

Aronson, E./Wilson.T./Akert, R. (2004): Sozialpsychologie, 4. Aufl., München.

Brophy, J. (1983): Research on the self-fulfilling prophecy and Teacher expectations. In: *Journal of Educational Psychology*, Vol. 75 (5), S. 631–661.

Eden, D. (1990): Pygmalion in Management: Productivity as a self-fulfilling prophecy, Lexington.

Elashoff, J./Snow, R. (1972): Pygmalion auf dem Prüfstand. Einführung in empirisch-statistische Methoden auf der Grundlage einer

kritischen Analyse der Rosenthal-Jacobson-Studie »Pygmalion im Klassenzimmer«, München.
Livingston, J. (1990): Motivation – Pygmalions Gesetz, in: *Harvard Business Manager*, Vol. 12 (1), S. 90–99.
McNatt, D. (2000): Ancient Pygmalion Joins Contemporary Management: A Meta-Analysis of the Result. In: *Journal of Applied Psychology*, Vol. 85 (2), S. 314–322.
Merton, R. (1948): The Self-fulfilling prophecy. In: *The Antioch Review*, Vol. 8. (2), S. 193–210.
Rosenthal, R. (1994): Interpersonal Expectancy effects: A 30-year perspective. In: *Current Directions in Psychological Science*, Vol. 3 (6), S. 176–179.
Rosenthal, R. (1995): Critiquing pygmalion: A 25-year perspective. In: *Current Directions in Psychological Science*, Vol. 4 (6), S. 171–172.
Rosenthal, R./Jacobson, L. (1971): Pygmalion im Unterricht, Weinheim und Basel (Original: Pygmalion in the classroom, New York).
Snyder, M. (1984): When Belief creates Reality. In: Berkowitz, A. (Hg.): *Advances in Experimental Social Psychology*, Vol. 18., S. 247–305.
Sutton, C./Woodman, R. (1989): Pygmalion Goes to Work: The Effects of Supervisor Expectations in a Retail Setting. In: *Journal of Applied Psychology*, Vol. 74 (6), S. 943–950.

Kapitel 4

Sind Menschen im Kollektiv risikoreicher?

Vorsichtig allein *(James Stoner)*

Episode 4

Herr Maier, Abteilungsleiter der Personalentwicklung (PE), präsentiert in einer Rundmail an alle Mitarbeiter die Idee eines neuen Schulungsprogramms, das eine grundlegende Veränderung der bisherigen PE bedeuten würde. Obwohl das Programm innovativ ist, bestehen einige Unsicherheiten bezüglich der Wirksamkeit der neuen Maßnahmen. Viele PE-Mitarbeiter sind skeptisch. In persönlichen Gesprächen äußern einige der Personalentwickler gegenüber Herrn Maier die Ansicht, dass es besser wäre, sich weiterhin auf die bewährten Methoden zu fokussieren … In der entscheidenden Gruppensitzung zeigt sich jedoch ein interessantes Phänomen: Während der Diskussion neigen viele Teammitglieder nun plötzlich dazu, ihre anfangs geäußerten Bedenken zu mildern und sind nun eher bereit, das neue, risikoreiche Programm zu unterstützen. Zwei PE-Mitarbeiter sind sogar der Meinung, dass durch diese Umstellung die Wettbewerbsfähigkeit des Unternehmens gestärkt werden könnte. Nicht wenige schließen sich dem kritiklos an und heben jetzt fast ausschließlich Vorteile hervor. Herr Maier ist über den Verlauf der Sitzung überrascht, da ihn doch zuvor in den Einzelgesprächen eher nachdenkliche Stimmen erreicht hatten.

I. Aufbau und Ablauf des Experiments zum Risikoschub-Phänomen

In fast allen Lebensbereichen werden wichtige Entscheidungen regelmäßig im Kollektiv getroffen. Denken Sie etwa an Vorstandssitzungen oder Betriebsratstreffen. In beiden Kontexten erfolgt die Entscheidungsfindung häufig nach eingehenden Gruppendiskussionen, in denen die Mitglieder ihre individuellen Standpunkte einbringen, um dann gemeinsam zu einer Lösung zu gelangen. Dadurch sollen vor allem willkürliche oder egoistische Entscheidungen Einzelner vermieden werden. Zudem erhofft man sich durch den Rückgriff auf eine breitere Wissensbasis sowie verschiedene Blickwinkel, letztlich ausgewogenere Entscheidungen zu treffen. Oftmals beginnt der Prozess damit, dass alle Gruppenmitglieder zunächst ihre persönlichen Meinungen vortragen und sich anschließend gemeinsam darüber austauschen.

Je nach Tragweite einer Entscheidung wird nach einer mehr oder weniger ausführlichen Beratung eine gemeinsame Entscheidung getroffen, die im Idealfall der Gruppenpräferenz entspricht. Dabei ist zu erkennen, dass vor der Diskussion Gruppenmitglieder nicht selten dazu neigen, einen Sachverhalt eher einseitig zu beurteilen und daher möglicherweise einzelne Aspekte verzehrt wahrnehmen oder gar gänzlich außer Acht lassen. Dann stellt sich die Frage, ob diese subjektiven Verzerrungen durch den Meinungsaustausch und die gemeinsame Entscheidungsfindung in einer Gruppe vermieden werden können und ob darüber hinaus kollektive Urteile weniger extrem ausfallen als die Einzelmeinungen (vgl. Werth et al., 2020).

Einer der ersten, der sich mit dieser Frage beschäftigte, war **James A. Stoner** (geb. 1935). In seiner am Massachusetts Institute of Technology (MIT) eingereichten Masterarbeit mit dem Titel »A Comparison of Individual and Group Decisions Involving Risk« untersuchte er folgende Fragestellung: *Sind Entscheidungen, die von Gruppen getroffen werden, vorsichtiger oder weniger vorsichtig als solche, die von Einzelpersonen getroffen werden?* (vgl. Stoner, 1961).

Um diese Frage zu beantworten, führte Stoner ein zweistufiges Experiment mit MIT-Studenten durch. Dabei bildete er eine Versuchsgruppe mit 78 Personen und eine Kontrollgruppe mit 23 Personen. Alle Teilnehmer (ausschließlich Männer) wurden darauf hingewiesen, dass es äußerst wichtig sei, den Versuchsinhalt bis zum Abschluss des Experiments mit niemandem zu besprechen. Überdies wurden die Teilnehmer nicht darüber informiert, dass der zweite Teil des Experiments eine Gruppendiskussion beinhaltet. Im ersten Teil des Experiments sollten die Teilnehmer zunächst allein im Einzelversuch einen Fragebogen ausfüllen. Der Fragebogen enthielt lebensnahe Situationen, in denen fiktive Personen vor der Wahl zwischen zwei Handlungsoptionen standen. Eine dieser Optionen versprach ein sicheres Ergebnis, die andere barg Risikokomponenten. Um eine bessere Vorstellung zu erhalten, hier ein vereinfachtes Beispiel aus dem Fragebogen: »*Ein Unternehmen steht vor der Entscheidung, entweder eine neue Produktionsanlage im Heimatland zu errichten, was zu einer moderaten Rendite führen würde, oder aber eine zusätzliche Produktionsanlage in einem ausländischen Land aufzubauen, das eine instabile politische Geschichte hat, jedoch eine deutlich höhere Rendite verspricht.*« Die Verwendung von zwölf solcher »Situationen« aus unterschiedlichen Lebensbereichen sollte einerseits die Zuverlässigkeit und andererseits die Generalisierbarkeit der Ergebnisse sichern. Dabei ging Stoner nicht willkürlich vor, sondern setzte einen Fragebogen ein, der bereits zuvor erprobt und getestet wurde (vgl. Wallach et al., 1962).

Für den einige Tage später durchgeführten zweiten Teil des Experiments wurden alle Probanden der Versuchsgruppe in Gruppen zu je sechs Personen zusammengebracht. Obwohl es nicht möglich war, die Zuteilung der Teilnehmer zu der Experimentalgruppe und der Kontrollgruppe zufällig vorzunehmen, in der Fachsprache auch Randomisierung genannt (s. Epilog), achtete Stoner darauf, dass die Gruppen nicht aus befreundeten Personen bestanden. Die Aufgabe jeder Gruppe war es nun, bei jeder der zwölf Situationen aus dem ersten Teil zu einer *einstimmigen* Gruppenentscheidung zu gelangen. Stoner wies die Teilnehmer zudem darauf hin, dass er während der Gruppendiskussion keine Fragen beantworten und die Sitzung mittels Tonbandgeräts aufzeichnen würde. Zudem erinnerte er die Probanden nicht daran, welche Meinungen sie zu den einzelnen Situationen während des Einzelversuchs angegeben hatten. Der Hinweis, eine einstimmige Gruppenentscheidung erreichen zu müssen, sollte eine sorgfältige Diskussion der Statements unter den Teilnehmern fördern. Stoner legte insgesamt großen Wert darauf, in allen Versuchsdurchläufen über sämtliche Gruppen hinweg ähnliche Bedingungen zu schaffen, um die Objektivität seines Experiments sicherzustellen. Die Teilnehmer der Kontrollgruppe nahmen dagegen an keiner Gruppendiskussion teil. Sie wurden lediglich gebeten, den Fragebogen, den sie vor ein paar Wochen ausgefüllt hatten, ein zweites Mal auszufüllen.

II. Ergebnisse

Die Resultate des Experiments zeigen, dass sich die Teilnehmer der Kontrollgruppe zwischen dem ersten und zweiten Sitzungstermin in ihren Entscheidungspräferenzen kaum verändert haben. Im Gegensatz dazu offenbarte sich bei den Probanden aus der Versuchsgruppe jedoch ein bemerkenswerter Effekt: Wenn die Probanden als Teil einer Gruppe Entscheidungen trafen, zeigten sie eine statistisch bedeutsame Neigung zu risikofreudigeren Handlungsalternativen im Vergleich zu den Entscheidungen in Einzelversuchen. Einfach ausgedrückt: Einzelpersonen wählen in Gruppen eher risikoreiche Handlungsalternativen aus.

III. Was können wir aus diesem Experiment lernen?

In der Diskussion der Ergebnisse betont Stoner selbst, dass ihm die genauen Gründe für die Neigung zu risikoreicheren Entscheidungen in Gruppenkonstellationen nicht vollständig bekannt seien. Eine von ihm vorgeschlagene Erklärung besagt, dass die Anwesenheit anderer Personen den Probanden möglicherweise das Gefühl vermittelte, sich weniger für das Ergebnis einer Entscheidung verantwortlich fühlen zu müssen. Dadurch könnte es für sie einfacher gewesen sein, in der Gruppensituation einen riskanteren Kurs zu wählen. Die zugrundeliegende Idee dahinter ist, dass eine sog. **Verantwortungs- bzw. Risikodiffusion** entsteht, wenn sich die Verantwortung für eine Entscheidung auf mehrere Köpfe verteilen lässt. Dies könnte zur Folge haben, dass die persönliche Angst vor den entsprechenden Konsequenzen abnimmt. Anders gesagt: Wenn mehrere Personen gemeinsam an einer Entscheidung beteiligt sind, kann das dazu führen, dass die individuelle Verantwortung verwässert wird, weil die *Gruppe als Ganzes* die Konsequenzen zu tragen hat. Somit könnten Einzelpersonen eher bereit sein, Risiken einzugehen, da sie sich weniger persönlich »haftbar« fühlen (vgl. Busch/von der Oelsnitz, 2018).

Als weitere mögliche Ursache hebt Stoner für den von ihm gefundenen Effekt die Bedeutung von geschlechtsspezifischen Rollenerwartungen hervor. Er vermutet, dass diese einen stärkeren Einfluss auf die Probanden in der Gruppensituation hatten als im Einzelversuch. Da alle Probanden im Experiment Männer waren und Stoner davon ausgeht, dass Männer weniger vorsichtig sind als Frauen, stellte er die These auf, dass die Probanden sich in der individuellen Situation weniger ihrer männlichen Rolle bewusst waren als dies in der Gruppensituation der Fall war. Diese Veränderung des Bewusstseins für die Rollenerwartung könnte dazu geführt haben, dass sich die Probanden in der Gruppensituation dazu veranlasst sahen, vermehrt Risiken einzugehen.

Allerdings ist die Forschung zur Risikoneigung von Männern und Frauen von einer ambivalenten Befundlage geprägt. Einige Studien unterstützen die von Stoner postulierte Annahme, dass Frauen risikoaverser sind als Männer, während andere Untersuchungen keinen Einfluss des Geschlechts auf die Risikobereitschaft fanden (vgl. Vanini, 2023 für weitere Details zu diesem Aspekt). Generell zeigt sich, dass die vermeintliche, ausschließlich auf das Geschlecht bezogene Verschiedenheit in vielen Bereichen oft deutlich weniger stark ausgeprägt ist, als gemeinhin angenommen wird. Die Unterschiede innerhalb der Gruppen »Mann« und »Frau« sind meist größer als zwischen den beiden Geschlechtern. Insofern entspricht die Vorstellung eines eindeutigen »typisch Mann-« oder »typisch Frau«-Bildes oft nicht der empirischen Realität, sondern eher dem Denken in stereotypen Rollenverständnissen.

Ausgehend von der Arbeit von Stoner lassen sich Phänomene in unterschiedlichen Lebensbereichen erklären, vorhersagen und beeinflussen. Beispielsweise könnten politische Entscheidungsträger in Situationen, in denen die Verantwortung auf viele Schultern verteilt ist, dazu tendieren, **risikoreiche Maßnahmen** zu ergreifen. Ein sicherlich drastisches Beispiel hierfür wäre die Entscheidung zur Kriegsbeteiligung, bei der die agierenden Politiker möglicherweise bereit sind, größere Risiken einzugehen, da im Kollektiv die individuelle Verantwortung quasi »kaschiert« wird.

Oder angenommen, das Top-Management-Team diskutiert die Möglichkeit, in einen neuen noch gänzlich unbekannten Markt einzutreten, der zwar vielversprechend erscheint, aber auch mit erheblichen Unsicherheiten und Risiken verbunden ist. Wenn die Verantwortung für diese Entscheidung auf mehrere Personen im Team verteilt ist, scheinen die Entscheider möglicherweise eher geneigt zu sein, eine risikoreiche Option zu wählen. Dies könnte unter anderem daran liegen, dass sie sich innerhalb des Teams weniger alleingelassen fühlen oder davon ausgehen, dass eine individuelle Verantwortungszuweisung im Fall des Scheiterns ohnehin nur schwer möglich ist. In ähnlicher Weise kann das Phänomen des »Risky-shift« auch in Freizeitsituationen, wie zum Beispiel bei Klettergruppen, zum Tragen kommen. Hier entscheidet sich eine Gruppe möglicherweise dazu, gewagtere Routen zu wählen oder Wetterwarnungen zu ignorieren. Auch hier diffundiert die Verantwortung oder man fühlt sich im Kollektiv weniger verwundbar (vgl. Sader, 2008).

IV. Bedeutung und Kritik

Viele Forscher haben Stoners Erkenntnisse in weiteren Studien repliziert. In der Mehrheit der Fälle bestätigten diese Studien, dass Gruppen tendenziell risikoreichere Entscheidungen treffen als Einzelpersonen (vgl. zum Beispiel Teger/Pruitt, 1967). Oder noch deutlicher: »Selten gab es in der Psychologie einen solchen Senkrechtstarter wie [das Experiment von Stoner]« – so meint zumindest der Psychologe Manfred Sader, der u. a. durch seine Forschungsbeiträge zur Gruppendynamik bekannt wurde (2008).

Allerdings waren die Arbeiten zum Phänomen des »Risky-shift« auch Gegenstand von Kritik. So wurde zum Beispiel die Generalisierbarkeit der Ergebnisse in Frage gestellt, da die meisten Studien auf Experimentalgruppen basierten, was bedeutet, dass die Ergebnisse möglicherweise nicht auf Gruppen außerhalb der Laborsituation übertragbar sind. Dies steht im Zusammenhang mit dem Aspekt, dass die von den Teilnehmern während des Experiments getroffenen Entscheidungen häufig keine negativen Konsequenzen für sie hatten, was ebenfalls die Übertragbarkeit der Ergebnisse auf reale Lebenssituationen in Frage stellt (vgl. Lück, 2013).

Neben der Menge an teilweise als unkritisch wahrgenommenen Replikationsstudien des ursprünglichen Stoner-Experiments, gab es ergänzend und weiterführend auch Forschung, die darauf abzielte, das Phänomen in einen breiteren Kontext zu stellen (vgl. Sader, 2008). Exemplarisch soll hier die Arbeit von Moscovici und Zavalloni (1969) angeführt werden. In dieser Studie wurden französische Gymnasiasten zunächst einzeln nach ihrer persönlichen Einstellung gegenüber dem damaligen Staatspräsidenten Charles de Gaulle einerseits und den US-Amerikanern andererseits befragt. Anschließend wurden die Schüler gebeten, sich in einer Gruppendiskussion über beide Themen auszutauschen und schließlich in der Gruppe eine gemeinsame Position zu finden. Die Ergebnisse zeigten wiederum, dass die Gruppenmeinungen insgesamt extremer waren als die durchschnittlichen Einzelmeinungen *vor* den Gruppengesprächen.

Nach der Gruppeninteraktion sollten die Schüler dann erneut wieder ihre individuelle Einstellung zu beiden Themen abgeben. Interessanterweise zeigt sich hier jetzt eine Verschiebung *zu noch extremeren Positionen*. Das heißt konkret: De Gaulle wurde nun deutlich positiver und US-Amerikaner noch negativer als vorher bewertet. Dieses Phänomen wird als »Gruppen-Polarisierung« bezeichnet, da sich hier neben einem Risikoschub eben auch ein Vorsichtsschub (engl. »cautious shift«) zeigte. Das von Stoner entdeckte Phänomen des »Risky-shift« stellt demnach lediglich *eine* mögliche Ausprägung einer übergeordneten Tendenz dar.

Das Phänomen der Gruppenpolarisierung kann andererseits auch **positive Effekte** mit sich bringen: wie zum Beispiel ein verstärktes Engagement für ein gemeinsames Anliegen. Angenommen, Mitglieder einer Organisation, die sich für soziale Gerechtigkeit einsetzen, treffen sich, um ihre Ziele zu besprechen. Durch den gemeinsamen Austausch könnten sie zu einer noch stärkeren Verbundenheit mit ihrer Mission gelangen und dadurch bessere Wege finden, um soziale Gerechtigkeit zu fördern.

Dennoch birgt »Gruppenpolarisierung« insgesamt wohl **eher negative Folgen**, wie z. B. auch eine übermäßige und damit »ungesunde« Risikobereitschaft. Betrachten wir hierzu als Praxisbeispiel eine Diskussion unter Investmentbankern über Anlagestrategien. Angenommen, einige dieser Investmentprofis tendieren ohnehin schon dazu, bei ihren Entscheidungen ins Risiko zu gehen, um hohe Renditen zu erzielen und entsprechende Prämien einzustreichen. Durch den Austausch mit Gleichgesinnten ist es möglich, dass diese Tendenzen weiter verstärkt werden, da die Banker sich gegenseitig in ihrem Risikoverhalten stützen. Dies könnte dazu führen, dass sie anschließend noch risikoreichere Anlageentscheidungen treffen als zuvor – zum Beispiel in volatilere Märkte zu investieren oder hochspekulative Finanzinstrumente zu nutzen (vgl. Werth et al., 2020).

Hollywood bietet hierfür anschauliche Beispiele. Denken Sie etwa an den Film »The Wolf of Wall Street« mit Leonardo DiCaprio in der Rolle des Börsenmaklers Jordan Belfort. In dem Film wird deutlich, wie stark die Kultur bei *Stratton Oakmont* (der US-Investmentfirma, die von Jordan Belfort geleitet wird), von exzessivem und zugleich riskantem Verhalten geprägt ist. Die massive Gruppendynamik innerhalb des Unternehmens verstärkt diese Tendenzen noch, da sich die Mitarbeiter gegenseitig noch zu ihrem riskanten Verhalten ermutigen.

Eine wichtige Unterscheidung ist in diesem Zusammenhang jedoch unbedingt noch zu treffen: Risky-shift bzw. Gruppenpolarisierung stehen als sozialpsychologische Phänomene teilweise im Kontrast zu einem anderen Phänomen, das die dunkle Seite der Teamarbeit betrifft: nämlich dem sogenannten Gruppendenken (»Groupthink«) – wie es vor allem von dem US-amerikanischen Psychologen Irving L. Janis 1982 beschrieben wurde. Während Risky-shift und Gruppenpolarisierung die Tendenz einer Gruppe anzeigen, *risikofreudiger oder extremer zu entscheiden* als ihre einzelnen Mitglieder es allein täten, fokussiert das Gruppendenken vor allem den *Einfluss von Autoritäten und Mehrheitsmeinungen*, der am Ende zur einer übertriebenen Konformität in Gruppen führen kann (s. Milgram-Experiment, Kapitel 2).

V. Transfer: Was bedeutet das Risikoschub-Phänomen für die Arbeit in Teams?

Folgende Ratschläge leiten sich aus unserer Analyse ab:

1. **Verantwortungsdiffusion unbedingt vermeiden!**
   Um die negativen Auswirkungen des Risikoschub-Phänomens zu begrenzen, können Sie Folgendes tun: Vor einer Gruppenentscheidung sollte jedes Teammitglied seine eigene Entscheidungspräferenz dezidiert (u. U. auch schriftlich) festhalten. Die Einzelmeinungen können dann gesammelt und nach der Diskussion in der Gruppe ausgewertet werden. Danach gilt es, etwaige Abweichungen zwischen den individuellen Einzelmeinungen und der getroffenen Gruppenentscheidung im Team offen zu besprechen. Zudem ist es wichtig, sicherzustellen, dass bei allen Beteiligten ein Bewusstsein dafür besteht, dass sie weiterhin auch *individuell* Verantwortung tragen und für die Konsequenzen einer Entscheidung ggf. mit zur Rechenschaft gezogen werden können (vgl. Weibler, 2016).
2. **Bewusstsein für das Phänomen schaffen – unterweisen Sie Ihre Mitarbeiter!**
   Um fundierte Entscheidungen zu treffen und angemessen mit Risiken umzugehen, ist es wichtig, die diversen Faktoren zu verstehen, die unsere Bewertungen und Entscheidungen beeinflussen. Sorgen Sie also dafür, dass alle Mitarbeiter, die in Teams arbeiten, sich des Phänomens bewusst sind und seine negativen Auswirkungen verstehen. Darüber hinaus sollten Entscheidungsträger regelmäßig Selbst- und Teamreflexionen durchführen, um mögliche Fehlerquellen in den Entscheidungsprozessen aufzudecken und

anzugehen. Es ist zudem von großer Bedeutung, die betrieblichen Entscheidungsabläufe so zu gestalten, dass sie möglichst immun gegenüber Verzerrungen sind. Dazu gehört u.a. die Einrichtung klarer Verantwortlichkeiten sowie die konsequente Förderung einer offenen Kommunikationskultur.

Unternehmen, insbesondere solche, die mit komplexen Risikosituationen konfrontiert sind, sollten ihre Mitarbeiter zudem gezielt in Richtung einer psychologischen Risikokompetenz schulen. Derartige Schulungen sollten nicht nur theoretisches Wissen vermitteln, sondern vor allem auch die persönliche Selbstreflexion fördern. Dies kann u.a. über die praktische Anwendung möglichst realistischer Szenarien trainiert werden. Derartige Schulungen sollten regelmäßig angeboten werden, um sicherzustellen, dass das Wissen und die mentalen Orientierungen der Mitarbeiter hierzu immer auf dem neuesten Stand sind (vgl. Lermer et al., 2015).

3. **Manöverkritik betreiben – analysieren Sie Erfolge und Misserfolge systematisch!**

   Eine einfache Möglichkeit, unmittelbar praxisnahe Lernerfahrungen im beruflichen Arbeitsalltag zu sammeln, besteht außerdem darin, nach bedeutsamen Aktivitäten ein **After Action Review** (AAR) durchzuführen – also eine Art Manöverkritik zu betreiben. Ursprünglich von der U.S. Army entwickelt und heute auch schon bei sportlichen Großveranstaltungen oder von Talkshow-Redaktionen unmittelbar nach dem TV-Ereignis eingesetzt, zielt ein AAR darauf ab, dass sog. Hochleistungsteams ihre Zusammenarbeit systematisch reflektieren. Dabei sollen nach einem streng vorgegebenen Muster sowohl positive als auch negative Aspekte eines Events herausgearbeitet werden.

   Um ein After Action Review effektiv zu gestalten und sein volles Potenzial auszuschöpfen, sind daher in der Praxis bestimmte Regeln zu beachten:

   - es sollte strukturiert sein und einem festgelegten Ablauf folgen;
   - der Ablauf muss zeitlich kompakt sein, d.h. idealerweise zwischen 15 und 30 Minuten dauern;
   - die Durchführung sollte zeitnah zum Ereignis stattfinden und
   - konsequent handlungs- und zukunftsorientiert sein, um unmittelbare Verbesserungen zu ermöglichen. Kritik am Gewesenen ist hier nicht mehr erwünscht.

Eine derartige Analyse vergangener Entscheidungen ermöglicht Teams, ihre Herangehensweise an Risiken immer wieder zu reflektieren und zu überdenken. Unvorhergesehene Herausforderungen lassen sich so künftig noch besser bewältigen. Auch der Rückgriff auf eine Supervision, d. h. externe Berater, die eine begleitende Rolle übernehmen und auf die Einhaltung der Regeln achten, scheint insbesondere zu Beginn, wenn die Teams noch keine Erfahrungen mit diesem Instrument haben, sinnvoll zu sein (vgl. von der Oelsnitz/Busch, 2006).

4. **Legen Sie den Finger immer wieder in die Wunde!**
Achten Sie darauf, dass insbesondere in Teams, die weitreichende Entscheidungen für ein Unternehmen treffen müssen, die Rolle eines zur Kritik verpflichteten »Anwalts des Teufels« etabliert wird. Diese Person hat die Aufgabe, nach Gründen zu suchen, die gegen eine Teamentscheidung sprechen, und übernimmt somit die Rolle eines Widersachers, der die anderen Teammitglieder herausfordert, indem er alles und jeden in Frage stellt. Die Idee ist bereits Jahrhunderte alt und geht auf die Bemühungen des Vatikans zurück, Gründe zu finden, die gegen die Seligsprechung einer Person sprechen könnten.
Alfred P. Sloan, der legendäre Präsident und Vorstandsvorsitzende von General Motors in den 1920er und 1930er Jahren, liefert ein Beispiel für die Umsetzung dieser Idee in der Praxis. In seiner Autobiografie »My Years with General Motors« reflektiert Sloan über die Bedeutung von Dissens und Diskussion in Entscheidungsprozessen. Sein berühmter Satz, »[w]enn wir uns alle einig sind über die Entscheidung, dann schlage ich weitere Diskussionen vor (...) um uns Zeit zu geben, Uneinigkeit zu entwickeln und vielleicht ein besseres Verständnis dafür zu gewinnen, worum es bei der Entscheidung überhaupt geht« (eigene Übersetzung aus Sloan, 1964, S. 112), unterstreicht die Notwendigkeit eines kritischen Diskurses für eine fundierte und reflektierte Entscheidung.
In der Praxis empfiehlt es sich, diese Rolle regelmäßig unter den Teammitgliedern rotieren zu lassen. Denn ständiger Widerspruch kann nicht nur anstrengend, sondern auch antipathisch wirken, vor allem wenn immer dieselbe Person den »bösen Störenfried« gibt und dadurch möglicherweise in der Beliebtheitsskala im Kollegenkreis sinkt. Zudem sollte man bedenken, dass es einen nicht zu unterschätzenden Unterschied macht, ob jemand aus echter Überzeugung, also »mit Herzblut«, gegen eine Entscheidung argu-

mentiert oder ob er dies nur macht, weil es seine Rolle erfordert (vgl. Nemeth et al., 2011).

In Kürze:

- Studien zeigen, dass in Gruppen durchschnittlich riskantere Entscheidungen getroffen werden als von Einzelpersonen allein. Dieses Phänomen, bekannt als »Risky-shift«, ist empirisch gut dokumentiert.
- »Risky-shift« kann unter anderem auf eine Verantwortungsdiffusion in Gruppensituationen zurückgeführt werden. Heißt konkret: Personen fühlen sich in Gruppen für mögliche negative Konsequenzen einer Entscheidung weniger (oder sogar nicht) verantwortlich.
- Neben dem »Risky-shift« beschreibt »Groupthink« einen Zustand, in dem Gruppenmitglieder auf Einheit und Konformität drängen und mögliche Alternativen nicht kritisch prüfen. Beide Phänomene können in der Praxis gleichzeitig auftreten.
- »Risky-shift« ist Teil einer breiteren Tendenz: Nach Gruppendiskussionen neigen Menschen dazu, noch extremer zu agieren oder radikalere Einstellungen einzunehmen. Dieses (breitere) Phänomen wird als Gruppenpolarisierung bezeichnet.
- Bewusstsein für die negativen Konsequenzen, gründliche Reflexion nach Entscheidungen und die Einbeziehung eines kritischen Gruppenmitglieds (sog. Anwalt des Teufels) können dazu beitragen, »Risky-shift« und Gruppenpolarisierung zu mildern.

Epilog Episode 4

Herr Maier sollte zunächst sicherstellen, dass alle Mitglieder der Gruppe sich frei äußern können, ohne Angst vor Ablehnung oder negativen Konsequenzen zu befürchten. Dies kann durch die Schaffung eines unterstützenden und respektvollen Umfelds erreicht werden, in dem unter-

schiedliche Meinungen wertgeschätzt werden. Außerdem sollte er offen ansprechen, dass in vorangegangenen Einzelgesprächen Bedenken geäußert wurden und er nun verwundert darüber ist, warum diese nicht mehr vorgebracht werden. Herr Maier sollte daher alle Gruppenmitglieder ermuntern, kritische Fragen zu stellen, um sicherzustellen, dass alle Aspekte des neuen Programms gründlich diskutiert werden.

Wenn die zuvor beschriebenen Maßnahmen nicht zielführend sind, könnte Herr Maier erwägen, die endgültige Entscheidung über die Einführung des neuen Programms zu vertagen, bis weitere Informationen gesammelt oder mögliche Alternativen überprüft werden konnten. Dies kann dazu beitragen, eine überhastete Entscheidung zu vermeiden und sicherzustellen, dass am Ende auch wirklich alle relevanten Faktoren angemessen berücksichtigt wurden.

VI. Literatur zum Risikoschub-Phänomen

Busch, M./von der Oelsnitz, D. (2018): Teammanagement. Grundlagen erfolgreichen Zusammenarbeitens, Stuttgart.

Janis, I. (1982): Groupthink, 2. Aufl., Wadsworth.

Lermer, E./Streicher, B./Frey, D. (2015): Sozialpsychologische Dimension: Die Entscheidung für mehr Risiko; Über das Verhalten in Risikosituationen. In: *The Measurement of Risk*, S. 179–189.

Lück, H. (2013): Psychologie sozialer Prozesse. Eine Einführung in das Selbststudium der Sozialpsychologie, Wiesbaden.

Moscovici, S./Zavalloni, M. (1969): The group as a polarizer of attitudes. In: *Journal of personality and social psychology*, Vol. 12 (2), S. 125–135.

Nemeth, C./Brown, K./Rogers, J. (2001): Devil's advocate versus authentic dissent: Stimulating quantity and quality. In: *European Journal of Social Psychology*, Vol. 31 (6), S. 707–720.

Sader, M. (2008): Psychologie der Gruppe. Grundlagentexte Psychologie, Weinheim, Basel.

Sloan, A. (1964): My years with General Motors, New York.

Stoner, J. (1961): A comparison of individual and group decisions involving risk, Massachusetts.

Teger, A./Pruitt, D. (1967): Components of group risk taking. In: *Journal of Experimental Social Psychology*, Vol. 3 (2), S. 189–205.

Vanini, U. (2023): Risikoneigung und Risikoverhalten. In: Basel, J./ Henrizi, P. (Hg.), Psychologie von Risiko und Vertrauen, Berlin, Heidelberg, S. 107–126.

von der Oelsnitz, D./Busch, M. (2006): Teamlernen durch after action review. In: *Personalführung*, Vol. 39 (2), S. 54–62.

Wallach, M./Kogan, N./Bem, D. (1962): Group influence on individual risk taking. In: *The Journal of Abnormal and Social Psychology*, Vol. 65 (2), S. 75–86.

Werth, L./ Seibt, B./Mayer, J. (2020): Sozialpsychologie: Der Mensch in sozialen Beziehungen. Interpersonale und Intergruppenprozesse, Berlin, Heidelberg.

Weibler, J. (2016): Personalführung, München.

Kapitel 5

Strengen sich Menschen in Gruppen mehr an?

Toll, Ein Anderer Macht´s
(Max Ringelmann)

Episode 5

Teamarbeit scheint magisch zu sein. Wie sonst ist zu erklären, dass Schwimmer bei den Olympischen Spielen mit ihren Zeiten im Einzelrennen oft hinter ihrer Zeit in der Schwimmstaffel zurückbleiben? Und erinnern Sie sich noch an den »Geist von Spiez«? Die ältere Generation schwelgt heute noch im sensationellen 3:2-Triumpf der Berner Wunderelf um Fritz Walter und Helmuth Rahn bei der Fußball-WM 1954 gegen Ungarn – ein Team, das damals von nahezu allen Experten als unschlagbar eingestuft wurde.

Es gibt aber auch die gegenteilige Erfahrung: In einem mittelständischen Unternehmen leitet Frau Dr. Poulsen die Marketingabteilung. Alle zwei Jahre steht die Konzeption einer neuen Marketingkampagne an, bei der verschiedene Aufgaben wie Marktforschung, Content-Erstellung und Grafikdesign zu bewältigen sind. Ein wesentlicher Schritt besteht in der Erarbeitung kreativer Ansätze durch das Team. Die Erfahrung hat ihr jedoch gezeigt, dass mit zunehmender Teamgröße der Prozess ineffizienter wird. Beim letzten Mal, als das Team noch aus vier Mitgliedern bestand, wurden in kurzer Zeit hochwertige Ideen generiert. Doch mittlerweile besteht das Team aus 13 Personen und kommt seit Wochen nicht voran. Eine eigenartige Entwicklung! Offensichtlich mangelt es vielen an der nötigen Motivation. Oder fehlt der klare Fokus auf das gemeinsame Ziel?

I. Aufbau und Ablauf des Experiments zum Ringelmann-Effekt

In der heutigen Arbeitswelt ist Teamarbeit vielfach unverzichtbar geworden.[3] Die Kräfte, die durch die spontane und direkte Zusammenarbeit im Team freigesetzt werden, ermöglichen Lösungen für betriebliche Herausforderungen, die für Einzelpersonen oft nur schwer zu bewerkstelligen wären. Unternehmen erhoffen sich daher diverse Vorteile von der Teamarbeit im Vergleich zu Einzelarbeit. Im besten Fall entfaltet sich in der Teamumgebung ein synergetischer Effekt, indem unterschiedliche Fachkenntnisse, Kompetenzen, Werte und Erfahrungen zusammenfließen. Dieser Prozess ermöglicht nicht nur eine umfassendere Betrachtung von Problemstellungen, sondern fördert im besten Fall auch den Austausch von Ideen.

Darüber hinaus trägt die kollektive Arbeitsweise in der Regel zu einer höheren Motivation der Teammitglieder bei, da sie sich als Teil eines größeren Ganzen fühlen und gemeinsam an einem Strang ziehen (oder eben auch nicht, wie noch zu zeigen sein wird!). Diese dynamische Interaktion und das gemeinsame Streben nach Zielen schaffen im Idealfall eine Arbeitsumgebung, die nicht nur effizient, sondern auch inspirierend ist.

Trotz dieser positiven Erfahrungen bringt die Zusammenarbeit in Teams auch **Probleme** mit sich: Langwierigere Diskussionen bei der Entscheidungsfindung, eine Zunahme an Konflikten oder Konformitätsdruck – also der Druck, sich einer mehrheitlichen Gruppenmeinung anzupassen – sind wesentliche Nachteile der Teamarbeit (vgl. Busch/von der Oelsnitz, 2018). Daher wurde bereits vor über einem Jahrhundert einer allzu optimistischen Sichtweise ein erstes nachdenkliches Moment entgegengesetzt. Dieser kritische Blick auf die Arbeit in Teams geht auf einen Mann zurück, der häufig fälschlicherweise als »deutscher Psychologe« bezeichnet wird, in Wirklichkeit jedoch ein französischer Agraringenieur war: **Maximilien (»Max«) Ringelmann** (1861–1931). Er wurde Professor am französischen Nationalinstitut für Agrarökonomie und erhielt Mitgliedschaft in der Société Nationale d'Agriculture. Sein wissenschaftliches Interesse galt unter anderem zwei Fragen: *Mit welcher Methode kann man am produktivsten in der Landwirtschaft arbeiten? Wann sind z. B. Menschen, wann Pferde, wann Ochsen und wann Maschinen leistungsfähiger?*

Ringelmann führte zwischen 1882 und 1887 dazu Experimente durch, bei denen er Studenten zusammentrommelte und gegeneinander an einem Tau ziehen ließ – zunächst einzeln und dann in Gruppen. Der gewählte Untergrund für seine Versuche bestand zumeist aus einem gut getretenen Erdweg, der mit Schieferfragmenten bedeckt war (eine Konstellation, die charakteristisch für jene Zeit war). Dies unterstreicht Ringelmanns Bestreben, möglichst realitätsnahe Arbeitsbedingungen bei seinen Experimenten zu schaffen. Bei einigen Versuchsdurchläufen wurden die Probanden von Ringelmann dazu aufgefordert, ihre maximale Zugkraft für mehrere Sekunden aufrechtzuerhalten. Durch die Verwendung eines Dynamometers konnte er dann präzise die auf das Tau ausgeübte Kraft messen.[4]

Ein Beispiel zur Veranschaulichung eines seiner Experimente: In einer Versuchsreihe zog zunächst jeder der 14 Probanden allein an einem Tau. In einer anderen zogen sieben von diesen 14 Personen, und in einer weiteren alle 14 gemeinsam als Gruppe. Ringelmann legte dabei besonderen Wert darauf, die Versuchsbedingungen sorgfältig zu überwachen. Zugleich galt es per exakter Anweisung sicherzustellen, dass das Ziehen am Tau *zeitgleich* erfolgte. Diese systematische Vorgehensweise trug wesentlich dazu bei, dass die Ergebnisse des Experiments zuverlässig zu interpretieren waren und den Einfluss der Gruppengröße auf die individuelle Leistung schlüssig erklären konnten.

II. Ergebnisse

Ringelmann stellte im Rahmen dieser Untersuchung fest, dass viele Versuchsteilnehmer im Kollektiv, d.h. bei Gruppenarbeit, geringere Leistungen erbrachten, als wenn sie sich als Individuen anstrengen mussten. Diese Neigung, unter Bedingungen der Teamarbeit weniger zu leisten als unter Bedingungen der Einzelarbeit, wird als *Social Loafing* bezeichnet.

Die im Experiment gemessenen Werte verdeutlichen diesen Effekt: Die durchschnittliche individuelle Leistung über alle Personen hinweg betrug **85,3 kg**, wenn sie eben allein zogen. In 7-Mann-Gruppen sank die durchschnittliche Zugkraft auf etwa **65 kg**, und in der 14-Mann-Gruppe wurde sie noch weiter auf **61,4 kg** pro Person reduziert. Das bedeutet konkret: Anstelle eines erwarteten Anstiegs der Gruppenleistung beobachtete Ringelmann eine erhebliche Abnahme. Ringelmann erklärte sich diesen Leistungsabfall zunächst vor allem als ein Resultat von Koordinationsverlusten, die eben mit einer wachsenden Gruppengröße einhergehen. In jedem Fall gilt: Die Zugkraft einer Gruppe fällt geringer aus als die Summe der einzelnen Kräfte (vgl. Kravitz/Martin,

1986). Diese Erkenntnis wirft die Frage auf, ob eine Gruppe bzw. ein Team tatsächlich stärker ist als die Summe der Einzelteile.

III. Was können wir aus diesem Experiment lernen?

Der Ringelmann-Effekt verdeutlicht, dass die gemeinsame Anstrengung einer Gruppe oft geringer ausfällt als es die Summe der Anstrengungen der Einzelpersonen ergäbe, wenn diese denn als Individuen erfasst würden. Nach den ersten beiden naheliegenden Vermutungen für diesen Effekt bei Max Ringelmann – es gibt eine schlechte Abstimmung beim Tauziehen (= Koordinationsverluste) oder es entsteht eine niedrigere Leistungsbereitschaft im Kollektiv (= Motivationsverluste) – entsteht die Frage nach den Gründen dafür.

Zwei denkbare »Einstellungen« oder Verhaltensweisen der Versuchspersonen bieten sich an:

1. Man leistet weniger, weil der jeweilige Einzelbeitrag so gering erscheint, dass er für das Gesamtergebnis keine Bedeutung hat (»meine Aktivität *zählt nicht*«).
2. Oder man leistet weniger, weil der jeweilige Einzelbeitrag gar nicht gemessen werden kann (»meine Aktivität *wird nicht gezählt*«).

Die Konsequenz aus dieser egoistischen Sicht könnte also sein: Bestimmte Gruppenmitglieder neigen dazu, sich leistungsmäßig zurückzuhalten – oder sogar systematisch andere auszubeuten! Der Abfall einer Gruppenleistung kann demzufolge sowohl auf koordinationsbedingte Effekte zurückgeführt werden als auch eben darauf, dass die Motivation, sich anzustrengen, in Gruppen (insbesondere bei Egoisten) möglicherweise geringer ist (vgl. Brand/Schweizer, 2019). Nicht jedes Team ist also automatisch eine Solidaritätsgemeinschaft! Es braucht vor allem ein besonderes Führungsgeschick, damit die Summe der Einzelteile einen echten Mehrwert bietet.

IV. Bedeutung und Kritik

In den frühen 1970er Jahren wagte sich **Alan Ingham** an eine Überprüfung des Ringelmann-Effekts. Seine Herangehensweise war für die damalige Zeit innovativ: Er arbeitete mit sogenannten *Pseudogruppen*, eine Methode, die es ermöglicht, Koordinations- und Motivationseffekte voneinander zu unterscheiden. Der Ausdruck »Pseudogruppe« beschreibt dabei eine Vorgehensweise, bei der den Teilnehmern einer Studie lediglich suggeriert wird, dass sie gemeinsam mit anderen Personen in einer Gruppe agieren, während sie in Wirklichkeit allein handeln.

In der Studie wurden die Probanden darum gebeten, mit verbundenen Augen an einem Seil zu ziehen. Die Teilnehmer bekamen vermittelt, dass die Verwendung von Augenbinden dazu diene, den Effekt einer fehlenden visuellen Rückmeldung durch andere Personen (zum Beispiel durch Gestik und Mimik) auf die Zugkraft von Einzelpersonen zu vergleichen. Das heißt konkret: Die Teilnehmer waren in dem Glauben, gemeinsam mit anderen tatkräftigen Personen zu ziehen, aber die Realität offenbarte ihre Isolation. Das Ergebnis der Pseudogruppenversuche ergab eine eindeutige Tendenz: Die individuelle Leistung der Teilnehmer nahm mit (vermeintlich) wachsender Gruppengröße ab. Selbst in Zweiergruppen war die Leistung im Vergleich zur Einzelleistung bereits merklich reduziert! Dies war nun eindeutig auf die Reduzierung der Motivation der Teilnehmer zurückzuführen (vgl. Ingham et al., 1974).

Ein vergleichbares Resultat erzielte der Sozialpsychologe **Bibb Latané** (s. Kapitel 10). In seinem Experiment forderte er mit seinem Forschungsteam Personen dazu auf, möglichst laut zu rufen und dabei in die Hände zu klatschen. In einer Testreihe agierten die Teilnehmer allein ohne »Klatsch- und Schreipartner«, während sie in einer anderen glaubten, gemeinsam in einer Gruppe Lärm zu erzeugen. Durch das Tragen von Augenbinden und Kopfhörern konnten die Probanden allerdings weder sehen noch hören, wie viele Personen tatsächlich mit ihnen zusammen im Raum waren.

Der Clou war auch hier, dass die Teilnehmer in beiden Szenarien tatsächlich allein waren. Falls Unterschiede zwischen den Versuchsbedingungen auftraten, konnten sie also keine koordinativen Ursachen haben; sie mussten auf motivationale Effekte zurückzuführen sein. Und genau das trat ein: Die Lautstärke der Studienteilnehmer in der Pseudogruppe war deutlich geringer als in der Einzelbedingung. Zweiergruppen erreichten 71 % der Summe ihrer individuellen Kapazität, Vierergruppen 51 % und Sechsergruppen sogar nur noch 40 % ihrer potenziellen Einzelkapazitäten. Das bedeutet: Mit (vermeintlich) steigender Gruppengröße nahm die individuelle Leistung der Personen nicht zu, sondern ab (vgl. Latané et al., 1979).

Latané, Williams und Harkins tauften den von ihnen auf der Basis von Ringelmann herausgearbeiteten Effekt auf den Namen »**Social Loafing**«. Was bedeutet, »dass Gruppenmitglieder ihrer Anstrengung verringern, wenn die individuellen Beiträge zur Gruppenleistung nicht identifizierbar sind« (Schulz-Hardt/Broadbeck, 2014, S. 478). Ins Deutsche übersetzt könnte dieses Phänomen als soziales Faulenzen oder Müßiggang verstanden werden. Die humorvolle Verbreitung davon zeigt sich in der Abkürzung des Worts TEAM für: »**T**oll **E**in **A**nderer **M**acht's« (vgl. von der Oelsnitz/Busch, 2012).

Seit den Untersuchungen von Ringelmann, Ingham und Latané hat die Zahl der Studien zum sozialen Faulenzen stark zugenommen. Die nachfolgende Forschung hat sich vielfach darauf konzentriert, soziales Faulenzen in unterschiedlichen Umgebungen zu untersuchen und mögliche Ursachen zu erklären. Gleichzeitig wurde aber auch die Frage aufgeworfen, wie diesem Phänomen in der Praxis *entgegengewirkt* werden könne. Eine wegweisende Meta-Analyse zu Beginn der 1990er Jahre, die insgesamt 78 Einzelstudien integriert betrachtet, zeigt, dass soziales Faulenzen sowohl bei körperlichen als auch bei geistigen Tätigkeiten auftreten kann, und zwar besonders dann, wenn die individuellen Beiträge zur Gesamtleistung für die Beteiligten unklar sind (vgl. Karau/Williams, 1993). Allerdings sind die gewählten Forschungsansätze nicht unumstritten. Kritik besteht zum Beispiel hinsichtlich der Generalisierbarkeit von Laborexperimenten mit ad-hoc zusammengestellten Teams, denen es möglicherweise aufgrund einer nicht vorhandenen Arbeitshistorie an der nötigen Motivation zur gemeinsamen Arbeit mangelt. Neuere Studien zeigen, dass die Effekte teilweise stark variieren, zum Beispiel in Abhängigkeit von der Arbeitsaufgabe, kulturellen Aspekten oder der Teamzusammensetzung. Folglich führt **Teamarbeit nicht automatisch** zur Reduktion individueller Leistungen (vgl. Torka et al., 2021; Hüffmeier, 2022).

Es gibt allerdings auch Beispiele, die das Gegenteil von sozialem Faulenzen zeigen. So entdeckte der Psychologe **Robert Zajonc** in seinen berühmten »Schaben-Experimenten«, dass Kakerlaken schneller laufen, wenn sie von Artgenossen beobachtet werden (vgl. Zajonc, 1965). Ähnliche Effekte wurden mittlerweile auch bei Menschen beobachtet. Forscher fanden zum Beispiel heraus, dass das Fehlen von Zuschauern (aufgrund der COVID-19-Pandemie) während des Biathlon-Weltcups 2020 die Leistung der Sportler beeinflusste – jedoch unterschiedlich für Männer und Frauen: Männer liefen ohne Publikum langsamer, Frauen hingegen schneller.

Beim Schießen zeigte sich, dass Frauen in Anwesenheit von Publikum besser abschnitten, während Männer sowohl langsamer als auch ungenauer schossen im Vergleich zu Veranstaltungen vor leeren Rängen (vgl. Heinrich et al, 2021). Auch die Anwesenheit anderer Mitakteure kann die Leistung beeinflussen, wie auch weitere Forschung, insbesondere bei einfachen und gut geübten Aufgaben, zeigt. Dieses Phänomen wird als sogenannte *soziale Leistungsaktivierung* (»social facilitation«) bezeichnet (vgl. zum Beispiel Wegge, 2014). Ein Spezialfall von sozialer Leistungsaktivierung stellt der sogenannte *Köhler-Effekt* dar. Er beschreibt, dass schwächere Gruppenmitglieder sich tendenziell mehr anstrengen, als sie es allein tun würden, um dadurch zu verhindern, dass sie für eine schwache Gruppenleistung verantwortlich gemacht werden (vgl. Köhler, 1927).

Eine wichtige Abgrenzung noch: Soziales Faulenzen ähnelt dem »Trittbrettfahrerverhalten« und kann dann den sog. **»Sucker-Effekt«** (von engl. »Sucker« = Dummkopf) hervorrufen. Während soziales Faulenzen nicht immer absichtlich erfolgt, basiert Trittbrettfahrerverhalten ausschließlich auf der bewussten Entscheidung einer Person, ihre Anstrengung in einem Kollektiv auf Kosten der anderen Gruppenmitglieder zu verringern (vgl. Kerr/Bruun, 1983). Der Sucker-Effekt ist auch bekannt als *Gimpel-Effekt* – benannt nach dem Gimpel-Vogel, dem Leichtgläubigkeit nachgesagt wird. Er bezeichnet die Tendenz, dass Menschen dazu neigen, aus Protest gegenüber »faulenzenden« Gruppenmitgliedern ihre Leistung nicht mehr voll einzubringen, weil sie ja selbst nicht »der Dumme« sein wollen (vgl. Nerdinger, 2019).

Soziales Faulenzen konterkariert letztlich die positiven Synergieeffekte eines Teams und kann verschiedene **Ursachen** haben. Dazu zählen insbesondere: mangelnde Transparenz bezüglich der individuellen Beiträge, unklare Verantwortlichkeiten innerhalb eines Teams und die fehlende Möglichkeit, individuelle Leistungen exakt zu bewerten, wie es bei komplexen Arbeitsaufgaben aber regelmäßig der Fall ist (vgl. von der Oelsnitz/Busch, 2006).

Soziales Faulenzen könnten Sie am Ende vor allem hieran erkennen:

- Teammitglieder halten sich in Diskussionen regelmäßig zurück oder wecken sogar den Eindruck, im Team verloren zu sein,
- im Team nehmen Beschwerden über Ungerechtigkeit in der Aufgabenverteilung zu oder einzelne fühlen sich direkt ausgenutzt,
- die Leistung einzelner Teammitglieder, die normalerweise stark engagiert sind, lässt deutlich nach,

- einige Teammitglieder greifen in großem Maße auf die Unterstützung ihrer Kollegen zurück und wälzen ihre Arbeit auf andere ab.

V. Transfer: Wie lässt sich der Ringelmann-Effekt eindämmen?

Hauptansatzpunkt hierfür ist die geschickte Gestaltung der wesentlichen Rahmenbedingungen der Teamarbeit. Hierdurch kann das soziale Faulenzen – das ja eigentlich unsozial ist – zwar nicht immer vollständig ausgeschlossen, aber doch meistens eingedämmt werden. Insbesondere sollten potenzielle »Einfallstore« für soziales Faulenzen von Beginn an reduziert werden. Zentrale Stellhebel dafür sind vor allem: die Festlegung der Teamgröße, die Zusammensetzung eines Teams, die Zuweisung von Arbeitsaufgaben und nicht zuletzt auch die räumliche Verteilung der Teammitglieder (s. hierzu im Detail von der Oelsnitz/Busch, 2006).

1. **Die Teamgröße im Auge behalten!**
   Gewiss ist: Mit zunehmender Teamgröße steigt die Anonymität – und damit auch die Möglichkeit, sich in der Menge zu verbergen oder nur »mit halber Kraft« beteiligt zu sein, nimmt tendenziell zu. Dieses lässt sich auch im Alltag beobachten. Ein Beispiel: Wenn einer Person in einer belebten Fußgängerzone plötzlich Münzen auf den Boden fallen, würden Sie natürlich sofort zur Hilfe eilen! Andere Passanten zögern jedoch oft, sich zu bücken und zu helfen. Ähnlich zurückhaltend agieren Personen, wenn es darum geht, einer Mutter mit einem Kinderwagen zu helfen, wenn sie diesen die Treppe in einem Einkaufszentrum hinuntertragen muss, weil der Fahrstuhl defekt ist. Das heißt also: Inmitten vieler Menschen fällt es uns allen zumeist leichter, sich aus der Verantwortung zu ziehen (s. Kapitel 10). Um soziales Faulenzen am Arbeitsplatz zu reduzieren, ist es ratsam, die Teamgröße zu begrenzen. Dabei vorweg: Eine allgemeingültige optimale Teamgröße existiert nicht. Der Amazon-Boss Jeff Bezos hat jedoch eine Faustregel formuliert: Ein Team sollte nur so groß sein, dass zwei Pizzen ausreichen, um alle Teammitglieder in der Mittagspause zu versorgen (vgl. Tellis, 2020).
   Diese Idee steht im Einklang mit dem nach Robert Metcalfe benannten »**Metcalfe-Gesetz**«, welches aussagt, dass der Wert eines Netzwerks proportional zum Quadrat der Anzahl seiner Mitglieder steigt. In Bezug auf Teams lässt sich dies anhand eines Beispiels

verdeutlichen: Nach diesem Gesetz steigt die Anzahl der möglichen Kommunikationsverbindungen in einem Team nicht linear, sondern exponentiell mit zunehmender Zahl an Mitgliedern. Nehmen wir an, wir haben ein Team mit fünf Personen, dann gibt es hier schon zehn mögliche Kommunikationsverbindungen (wie durch die Formel ausgedrückt: $n * (n-1)/2$, also auf unser Beispiel angewendet: 5 * (5-1)/2). Verdoppelt sich die Teamgröße von fünf auf zehn Mitglieder, erhöht sich die Anzahl der Kommunikationsmöglichkeiten bereits auf 45! Dies kann zu ineffizienterer Kommunikation in einem Team führen, da zum Beispiel bei Entscheidungsprozessen mehr Stimmen gehört werden müssen (s. dazu ausführlich Busch/von der Oelsnitz, 2018, S. 82).

Die Idee hinter kleineren Teams beruht zudem darauf, dass die Beiträge jedes Einzelnen dadurch eher erkennbar und insofern auch für jeden Einzelnen subjektiv bedeutsamer werden. Dies stärkt zumeist das individuelle Engagement und fördert ein Gefühl der Verantwortlichkeit. Zusätzlich erhöht sich der Druck auf potenzielle Leistungsabweichler in der Regel automatisch durch den Einfluss ihrer Teamkollegen (»peer pressure«). Sollte es zum Beispiel aus organisatorischen oder arbeitstechnischen Gründen nicht umsetzbar sein, durchgängig kleinere Arbeitsgruppen zu bilden, ist in der Planungsphase eines Projekts zu prüfen, ob es nicht dennoch möglich ist, für eine begrenzte Zeit und insbesondere in wichtigen Projektphasen bestehende Großgruppen in kleinere Teilgruppen umzuwandeln.

2. **Die Teamzusammensetzung genau steuern!**

Bei der Zusammensetzung eines Teams sollte auf die Kompatibilität der Teammitglieder geachtet werden. Es gilt nicht nur offensichtliche Antipathien zu vermeiden, sondern auch nach Möglichkeit sicherzustellen, dass Unterschiede im individuellen Leistungsniveau berücksichtigt werden. Die Teamführung spielt in diesem Kontext eine zentrale Rolle. Warum? Es ist wichtig zu verhindern, dass leistungsstarke Mitarbeiter sich unterfordert fühlen, wenn sie mit leistungsschwächeren Kollegen zusammenarbeiten, und als Folge dessen möglicherweise ihr Leistungsniveau senken.

Wie die Erkenntnisse mit Blick auf den oben erwähnten Köhler-Effekt zeigen, kann die Anwesenheit von kompetenten und leistungsstarken Teammitgliedern allerdings auch positive Effekte bei leistungsschwächeren Teammitgliedern hervorrufen. Die Kunst guter Teamführung besteht demnach darin, die leistungsstärkeren Mitglieder als »Leitfiguren« im Team zu positionieren, um anderen als

Inspiration zu dienen und sie zu ermutigen, ihr Potenzial zu entfalten. Hierbei geht es nicht nur darum, diejenigen, die bereits herausragende Leistungen erbringen, wertzuschätzen, sondern eben auch, innerhalb des Unternehmens ein Arbeitsumfeld zu schaffen, das es denjenigen ermöglicht, die noch Entwicklungspotenzial haben, zu wachsen und sich zu verbessern. Das erfordert von den Führungskräften allerdings einerseits ein feines Gespür dafür, individuelle Stärken und zukünftige Potenziale zu erkennen, aber andererseits auch Unterstützung und Anleitung anzubieten, wo Defizite bestehen.

3. **Adäquate Teamaufgaben formulieren und zuweisen!**
   Zusätzlich sollte die Teamleitung sicherstellen, dass jedes Teammitglied durch eine an die individuellen Stärken und Potenziale angelehnte (d. h. vor allem kompetenzbasierte) Aufgabenverteilung optimal zu den Teamzielen beiträgt. Bei einfachen Aufgaben mit geringer Komplexität, die zudem keinen Abstimmungsbedarf mit sich bringen, ist es ratsam, gänzlich auf Teamarbeit zu verzichten. Das heißt konkret: Teams sollten nicht um ihrer selbst willen existieren – es sei denn, es werden Ziele wie zum Beispiel die Förderung des Wissenstransfers oder die Vernetzung der Mitarbeiter innerhalb des Unternehmens verfolgt. Am Anfang der Teamarbeit sollten nach Möglichkeit Arbeitspakete definiert werden, um so die Zuweisung von Verantwortlichkeiten an einzelne Teammitglieder zu erleichtern. Dadurch können auch individuelle Zielvereinbarungen einfacher getroffen werden, um sozialem Faulenzen vorzubeugen und den Kontrollbedarf seitens der Teamführung zu reduzieren. Denn unklare Zuständigkeiten bergen das Risiko, dass bei einzelnen Mitgliedern innerhalb eines Teams sich ein Gefühl des »dafür bin ich nicht zuständig« einschleicht oder aber erfahrene Teammitglieder weniger einflussreichen Mitgliedern die Arbeit überlassen. Eine eindeutige Zuweisung von Aufgaben entsprechend der Leistung, Kompetenz und Potenziale jedes Teammitglieds trägt außerdem zur Vermeidung einseitiger Arbeitsüberlastungen bei.
4. **Räumliche Verteilung/Home Office**
   Die räumlich verteilte Zusammenarbeit ist spätestens seit der Corona-Pandemie in vielen Bereichen üblich geworden. Zahlreiche Teams wurden von einem Moment auf den anderen dazu angehalten, virtuell, sprich: über digitale Medien vermittelt, zu arbeiten. Trotz der Verwendung digitaler Kollaborationstools nimmt die Sichtbarkeit der individuellen Beiträge jedes Einzelnen nicht selten ab. Denken Sie hier auch zum Beispiel an die Möglichkeit, bei den

vielfach genutzten Messenger-Diensten den eigenen Arbeitsstatus von »*verfügbar*« über »*beschäftigt*« bis hin zu »*bitte nicht stören*« festzulegen. Dadurch können Teamkollegen entweder durch einen »*grünen Punkt*« vortäuschen, dass sie arbeiten, oder trotz einer »*roten*« Abwesenheitsanzeige tatsächlich anwesend sein.
Leider ist es in der Regel schwierig, durch einen überwiegend technologisch vermittelten Kontakt ein so tiefgehendes und umfassendes Vertrauensgefühl aufzubauen, wie es durch physische Anwesenheit der Fall ist. Oder wie es der Wirtschafts- und Sozialphilosoph Charles Handy treffend ausdrückte: »*Trust needs touch*« (Handy, 1995, S. 46). Daher sind eine klare Aufgabenverteilung, die gezielte Festlegung von Leistungsnormen sowie der Aufbau von persönlichem Vertrauen speziell auch in virtuell zusammenarbeitenden Teams wichtig (vgl. Hacker et al., 2019).

In Kürze:

- In Gruppen besteht die Gefahr, dass ihre Mitglieder weniger leisten als dies bei Einzelarbeit der Fall wäre. Dieses Phänomen wird als soziales Faulenzen bezeichnet. Dabei handelt es sich um einen Motivationsverlust, der v. a. dadurch entsteht, dass die Einzelbeiträge bei einer Gruppenleistung nicht klar identifiziert werden können.
- Soziales Faulenzen kann den »Sucker-Effekt« hervorrufen, bei dem Menschen dazu neigen, ihre eigenen Bemühungen zu verringern, wenn sie wahrnehmen, dass andere in der Gruppe erkennbar weniger tun.
- Anzeichen für soziales Faulenzen können sein: Verstärkte Zurückhaltung in Diskussionen, Beschwerden über ungleiche Aufgabenverteilung, nachlassende Leistung ansonsten engagierter Mitarbeiter und ein vermehrtes Abwälzen von Arbeit auf andere Teamkollegen.
- Durch die Gestaltung der Teamgröße und -zusammensetzung, der Teamaufgaben sowie der räumlichen Verteilung der Teamarbeit lässt sich die Gefahr des sozialen Faulenzens relativ gut abmildern.

Epilog Episode 5

Der Prozess erfordert zunächst, dass Frau Dr. Poulsen eindeutige Ziele formuliert und diese transparent an alle Teammitglieder kommuniziert. Das gemeinsame Verständnis von Sinn und Zweck der Kampagne dient nicht nur der Motivation der Mitarbeiter, sondern schärft auch deren Fokus. Um sicherzustellen, dass alle stets im Blick haben, wohin die Reise gehen soll, empfiehlt es sich, dafür zu sorgen, dass jeder dauerhaft Zugriff auf die Ziele hat.
Klare Ziele sind jedoch nur der erste Schritt. Darüber hinaus kann durch eine eindeutige Aufgabenverteilung und die Benennung von Verantwortlichkeiten sichergestellt werden, dass jedes Teammitglied im Prozess eine eigene Rolle bekommt und innehat. Dies fördert nicht nur die Effizienz, sondern erleichtert auch die Zusammenarbeit mit den Kollegen. Außerdem sollte das gesamte Team in kleinere Gruppen aufgeteilt werden, damit sich jede Gruppe auf spezifische Aspekte der Kampagnenentwicklung konzentrieren kann. Insgesamt ist es wichtig, dass jedem Einzelnen bewusst ist, dass sein individueller Beitrag für das Gesamtergebnis bedeutend ist.

VI. Literatur zum Ringelmann-Effekt

Brand, S./Schweizer, G. (2019): Sportpsychologie. Verständnisgrundlage für mehr Durchblick im Fach, Berlin, Heidelberg.

Busch, M./von der Oelsnitz, D. (2018): Teammanagement. Grundlagen erfolgreichen Zusammenarbeitens, Stuttgart.

Hacker, J./Johnson, M./Saunders, C./Thayer, A. L (2019): Trust in virtual teams: A multidisciplinary review and integration. In: *Australasian Journal of Information Systems*, 23, S. 1–36.

Handy, C. (1995): Trust and the Virtual Organization. In: *Harvard Business Review*, Vol. 73 (3), S. 40–50.

Heinrich, A./Müller, F./Stoll, O./Cañal-Bruland, R. (2021): Selection bias in social facilitation theory? Audience effects on elite biathletes' performance are gender-specific. In: *Psychology of Sport and Exercise*, Vol. 55 (3), S. 1–8.

Hüffmeier, J./Hertel, G./Torka, A./Nohe, C./Krumm, S. (2022): In field settings group members (often) show effort gains instead of social loafing. In: *European Review of Social Psychology*, Vol. 33 (1), S. 131–170.

Ingham, A./Levinger, G/Graves, J./Peckham, V. (1974): The Ringelmann effect: Studies of group size and group performance. In: *Journal of Experimental Social Psychology*, Vol. 10 (4), S. 371–384.

Latané, B./Williams, K./Harkins, S. (1979): Many hands make light the work: The causes and consequences of social loafing. In: *Journal of Personality and Social Psychology*, Vol. 37 (6), S. 822–832.

Karau, S./Williams, K. (1993): Social loafing: A meta-analytic review and theoretical integration. In: *Journal of Personality and Social Psychology*, Vol. 65 (4), S. 681–706.

Kerr, N. /Bruun, S. (1983): Dispensability of member effort and group motivation losses: Free-rider effects. In: *Journal of Personality and Social Psychology*, Vol. 44 (1), S. 78–94.

Köhler, O. (1927): Über den Gruppenwirkungsgrad der menschlichen Körperarbeit und die Bedingung optimaler Kollektivkraftreaktion. In: *Industrielle Psychotechnik*, Vol. 4, S. 209–226

Kravitz, D. A./Martin, B. (1986): Ringelmann rediscovered: The original article. In: *Journal of Personality and Social Psychology*, Vol. 50 (5), S. 936–941.

Nerdinger, F. W. (2019): Teamarbeit. In: Nerdinger, F. W./Blickle, G./ Schaper, N. (Hg.), Arbeits- und Organisationspsychologie, Berlin, Heidelberg, S. 119–134.

Schulz-Hardt, S./Brodbeck, F. (2014): Gruppenleistung und Führung. In: Jonas, K./Stroebe, W./Hewstone, M. (Hg.), Sozialpsychologie. 6. Aufl., Berlin, S. 469–505.

Tellis, S. (2020): 3 reasons why Jeff Bezos's 2-pizza rule can help a company succeed. In: *The Economic Times*. https://economictimes.indiatimes.com/magazines/panache/3-reasons-why-jeff-bezoss-2-pizza-rule-can-help-a-company-succeed/articleshow/79572446.cms?from=mdr.

Torka, A./Mazei, J./Hüffmeier, J. (2021): Together everyone achieves more – or, less? An interdisciplinary meta-analysis on effort gains and losses in teams. In: *Psychological Bulletin*, Vol. 147 (5), S. 504–534.

von der Oelsnitz, D./Busch, M. (2006): Social Loafing – Leistungsminderung in Teams. In: *Personalführung*, Vol. 39 (9), S. 64–75.

von der Oelsnitz, D./Busch, M. (2012): Team: Toll, ein anderer macht's. Die Wahrheit über Teamarbeit, Zürich.

Wegge, J. (2014): Gruppenarbeit und Management von Teams. In: Schuler, H/Kanning, U. (Hg.), Lehrbuch der Personalpsychologie, Göttingen, S. 933–984.

Zajonc, R. (1965): Social Facilitation: A solution is suggested for an old unresolved social psychological problem. In: *Science*, Vol. 149 (3681), S. 269–274.

Kapitel 6

Wie lernen und entwickeln sich Teams?

Machen statt zuhören *(Kurt Lewin)*

Episode 6

Herr Kruse, ein energiegeladener Teamleiter, brennt förmlich darauf, seine Mannschaft für die Vorzüge eines neuen Software-Tools zu begeistern, das die Zusammenarbeit verbessert und die Kommunikation im Team auf ein neues Level hebt. Mit akribischer Sorgfalt hat er eine Broschüre erstellt, in der er die Vorteile des Tools und eine Anleitung zu seinem optimalen Einsatz zusammengefasst hat. Er ist ein echter Teamplayer und denkt sich, dass das Handbuch des Softwareanbieters mit seiner technischen Sprache bei seinen Kollegen wohl auf wenig Gegenliebe gestoßen wäre.

Zusätzlich dazu hat er auch eine Präsentation vorbereitet, um sein Team für die Nutzung des neuen Tools fit zu machen. Doch trotz mehrerer intensiver Schulungseinheiten ist er nach vier Wochen doch sehr überrascht darüber, dass bisher niemand aus seinem Team das neue Software-Tool auch nur angerührt hat.

I. Aufbau und Ablauf des Experiments zur Speiseabscheu

Früher herrschte in den meisten Unternehmen eine klare Trennung zwischen Arbeitszeit und gelegentlichen Lernphasen. Die Tätigkeit vieler Beschäftigter war durch präzise zu befolgende, oft bis ins Detail optimierte Arbeitsschritte geprägt. Die Mitarbeiter waren primär damit beschäftigt, diese Schritte auszuführen und sich genau an die Anweisungen ihrer Vorgesetzten zu halten. Diese Art, Arbeit zu organisieren, war maßgeblich vom damals herrschenden Leitbild des **Taylorismus** geprägt – einem Ansatz, der auf den Prinzipien des Ingenieurs und späteren Managementberaters **Frederick Taylor** basierte und weltweit als sog. »*Wissenschaftliche Betriebsführung*« bekannt wurde. Damals mussten Arbeitnehmer u. a. förmliche Anträge stellen und spezielle »off the job«-Schulungen absolvieren, um sich beruflich weiterzuqualifizieren. Diese starre Trennung zwischen Arbeit und Lernen kann in der modernen Arbeitswelt, die als *volatil*, *unsicher*, *komplex* und *mehrdeutig* beschrieben wird (»VUCA-Welt«), als überholt angesehen werden. Heutzutage verschwimmen die Grenzen zwischen Arbeit und Lernen.

Insbesondere bei Teamarbeit, die heute in vielen Unternehmen Standard ist, ist eine klare Abgrenzung zwischen Lernen und Arbeit ohnehin wenig sinnvoll. Die Produktivität von Teams beruht oft auf einer engen, gegenseitig inspirierenden Zusammenarbeit sowie einem kontinuierlichen Austausch von Wissen und Erfahrungen zwischen den Mitgliedern. Durch die Verflechtung von Arbeit und Lernen entsteht im besten Fall ein kontinuierlicher Verbesserungsprozess, der es einer Arbeitsgruppe ermöglicht, sich an neue Anforderungen der Umwelt anzupassen. Statt auf starre Prozesse zu setzen, werden heutzutage flexible Lern- und Arbeitsmodelle bevorzugt (vgl. Busch/von der Oelsnitz, 2018).

Einer der ersten Forscher, der sich eingehend mit den Themen Lernen und Entscheiden in (Klein-)Gruppen sowie den zugrundeliegenden Dynamiken beschäftigte, war der Sozialpsychologe **Kurt Lewin**. Lewin zählt zu den einflussreichsten Sozialwissenschaftlern des 20. Jahrhunderts und zu den wenigen deutschen Psychologen von Weltrang. Er war ein gebürtiger Breslauer, promovierte in Berlin und emigrierte nach der Machtergreifung der Nationalsozialisten in die USA. Als maßgebender Vertreter der sogenannten Gestaltpsychologie war er zeitlebens davon überzeugt, dass Gruppen Eigenschaften besitzen, die sich von den Eigenschaften einzelner Mitglieder unterscheiden können. Für ihn war eine Gruppe daher mehr als »the sum of the individuals« (Lewin, 1947,

S. 8). Lewin strebte danach, sowohl förderliche Bedingungen für die Arbeit in Gruppen zu finden als auch die sich daraus potenziell ergebenden Kräfte und »Gesetzmäßigkeiten« zu verstehen. Lewins Definition einer Gruppe wird auch heute noch weitgehend akzeptiert (vgl. Burnes, 2004): »Es ist nicht die Ähnlichkeit oder Unähnlichkeit von Individuen, die eine Gruppe ausmacht, sondern die gegenseitige Abhängigkeit des Schicksals« (eigene Übersetzung nach Lewin, 1939, S. 165).

Durch sein umfassendes Wissen und sein breites Forschungsinteresse war Lewin einer der angesehensten und gefragtesten Wissenschaftler seiner Zeit. Aus diesem Grund wurde er in den frühen 1940er Jahren von staatlicher Seite damit beauftragt, Möglichkeiten zu untersuchen, wie man die Ernährungsgewohnheiten der Amerikaner beeinflussen könnte: In einer Ära, die vom Zweiten Weltkrieg geprägt war, wurden regierungsseitig neue Wege gesucht, um die Nahrungsmittelversorgung in den USA trotz Kriegswirtschaft sicherzustellen. Insofern sollten möglichst auch keine Lebensmittel verschwendet werden. Ein besonderer Fokus lag darauf, das Bewusstsein der amerikanischen Hausfrauen als entscheidende »Influencer« zu stärken und sie u. a. davon zu überzeugen, dass sich Innereien zu appetitlichen Speisen zubereiten lassen. Im Gegensatz zu Europa empfanden nämlich viele Frauen in den USA allein bei dem Gedanken, Herzen, Nieren oder sogar Gehirne zuzubereiten (und zu verzehren!), starke Abscheu. Es war daher eine anspruchsvolle Aufgabe, ihre tief verwurzelten Vorbehalte gegenüber Innereien als Lebensmittel zu überwinden, da nicht zuletzt auch die familiären Ernährungsgewohnheiten damals eng mit Fragen des sozialen Status verbunden waren (»Innereien sind das Essen der Armen«).

Zur Überwindung dieses mentalen und sozialen Widerstands untersuchte Lewin zwei verschiedene Einwirkungsmethoden, auf die wir im Folgenden näher eingehen. Er griff dabei auf **Gruppen als Basiseinheit** zurück. Alle Gruppen umfassten zwischen 13 bis 17 Teilnehmerinnen (vgl. hierzu und im Folgenden ausführlich Lewin, 1943; Schreyögg/Geiger, 2020). In den sogenannten *Vortragsgruppen* wurden den Hausfrauen »im Frontalunterricht« Informationen über die Vorzüge und diverse Zubereitungsmöglichkeiten von Innereien vermittelt. Außerdem wurden Rezepte für Gerichte verteilt. Eine Ernährungsberaterin betonte den ernährungsphysiologischen Wert dieser Fleischsorten. Die potentiellen Zubereitungsmöglichkeiten wurden anschaulich dargestellt – inklusive Tipps zur Vermeidung von unangenehmen Eindrücken, wie zum Beispiel dem Geruch oder der Textur von Innereien. Dieser Ansatz basierte also insbesondere auf Appellen und Überzeugungsarbeit.

In den sogenannten *Diskussionsgruppen* wurde ein völlig anderer Ansatz gewählt: Dieser war eher kooperativ und im Vergleich zur Vortragsgruppe auch deutlich interaktiver. Eine Ernährungsberaterin eröffnete die Sitzung mit einem allgemeinen Überblick über die Zusammenhänge von Ernährung und Gesundheit. Dann wurden die gleichen Informationen vermittelt wie in den Vortragsgruppen, jedoch in komprimierter Form. Von hier aus wird die Gruppe nun aber schrittweise dazu geführt, das Thema konkreter zu sehen und gleichzeitig die Verantwortung »etwas gegen die Speisevorbehalte zu tun« zu übernehmen. In einer gemeinsamen Diskussion wurden daher zunächst die Gründe für die Ablehnung bestimmter Fleischsorten besprochen. Daraufhin sollten die Teilnehmerinnen aktiv ein Programm entwickeln, mit dem man »Hausfrauen wie uns« die Scheu vor Innereien nehmen könnte. Zum Abschluss wurden die Damen gebeten, durch ein Handzeichen zu signalisieren, ob man sich bereit erklärt, in den kommenden Wochen einmal Innereien zu Hause auszuprobieren.

Um sicherzustellen, dass ein potenzielles Verfahren zur Änderung von Essgewohnheiten in der Umsetzung auch tatsächlich praktikabel ist, hat Lewin darauf geachtet, dass sowohl die Vortragsgruppe als auch die Diskussionsgruppe zeitlich auf etwa 30 Minuten beschränkt waren. Vor Beginn jeder Gruppensitzung wurde ferner ermittelt, wie viele Frauen bereits Erfahrung mit der Zubereitung von Innereien hatten. Die Erfahrungsrate erwies sich insgesamt als niedrig, war aber gleichmäßig über alle Gruppen verteilt, wodurch mögliche Verzerrungen bezüglich der potenziellen Störgröße »Vorerfahrung« ausgeschlossen wurden.

Die Wirkung der Vorträge- und der Diskussionsgruppen wurde eine Woche nach dem Experiment evaluiert. Dazu führte die Arbeitsgruppe um Lewin Interviews mit den Teilnehmerinnen sogar in deren Häusern durch, um sicher feststellen zu können, in welchem Umfang sie die zuvor erarbeiteten Maßnahmen umgesetzt hatten und wie ihre Familien darauf reagierten.

II. Ergebnisse

In den sieben Tagen nach dem Experiment servierten lediglich vier der 41 Frauen aus der *Vortragsgruppe* mindestens eines der drei Drüsenfleisch-Gerichte, während hingegen 23 von 44 Teilnehmerinnen der *Diskussionsgruppen* dies taten. Das heißt konkret: Die Vorträge führten nur bei ca. 10 % der Teilnehmerinnen zu veränderten Handlungen, während es bei den Gruppendiskussionen satte 52 % waren. Des Weiteren verarbeiteten nach den Gruppendiskussionen immerhin 23 % der Frauen zumindest eine der Innereien, die sie selbst zuvor noch nie zubereitet hatten. Im Vergleich dazu taten dies lediglich 3 % in der Vortragsgruppe.

Zusammenfassend erwies sich der *kooperative Lernprozess* in der Gruppe (= praktischer Veränderungsansatz) als wesentlich effektiver im Vergleich zu dem herkömmlichen, vortragsbasierten Lehransatz. Durch das *gemeinsame* Überwinden von Vorurteilen und Ekelgefühlen in einer Gruppe konnten deutlich besser die gewünschten Effekte erzielt werden. Die konstruktive Dynamik innerhalb der Gruppe gestattete es am Ende den Teilnehmerinnen, sich gegenseitig zu ermutigen und zu unterstützen, was letztlich zu einer offeneren Haltung gegenüber den präsentierten Informationen führte. Dies wiederum erleichterte es den Frauen, neue Einstellungen zu entwickeln, d. h. neue Ansätze in Bezug auf die Zubereitung und den Genuss von Innereien zu akzeptieren. Die ursprünglich tiefsitzenden Vorbehalte und negativen Einstellungen gegenüber Herz, Leber und Hirn als Lebensmittel konnte somit in verhältnismäßig kurzer Zeit erfolgreich verändert werden.

III. Was können wir aus diesem Experiment lernen?

Lewins Arbeit unterstreicht zunächst, dass Menschen tendenziell dann besonders offen für Einsichten sind, wenn sie diese durch *gemeinsame Reflexionsprozesse in einer Gruppe* gewinnen. Daher ist es ratsam, Einstellungsveränderungen nicht allein durch bloße Belehrung »von oben« oder Appelle an die Vernunft herbeiführen zu wollen, sondern stattdessen eher auf das eigene Handeln und die aktive Beteiligung von Gleichgesinnten zu setzen. Oft genügt es nicht, Menschen bzw. Beschäftigte mit Zahlen oder Fakten zu konfrontieren oder rein rational zu argumentieren. Stattdessen sollte man die Möglichkeit geben, in einer offenen Atmosphäre ein umfassenderes Verständnis der Situation zu erlangen, in das auch die eigenen Erfahrungen einfließen.

Eine weitere wichtige Erkenntnis der Speiseabscheu-Experimente lässt sich aus der *Selbstverpflichtung* zur Verhaltensänderung ableiten. Nach Abschluss der Diskussionsgruppe bat Lewin die Teilnehmerinnen darum, durch Handheben zu signalisieren, ob sie bereit seien, künftig Innereien zu Hause zuzubereiten. Dieses Prinzip des aktiven (Mit-)Tuns wird heute nicht nur erfolgreich in vielen psychotherapeutischen Selbsthilfegruppen angewendet, sondern lässt sich auch mühelos auf betriebliche Kontexte übertragen. Wenn Sie also das nächste Mal mit der Gestaltung eines Workshops betraut sind, sollten Sie durchaus erwägen, ein Element der Selbstverpflichtung am Ende des Workshops einzuführen und dann im Anschluss aufmerksam die tatsächlichen Reaktionen der Teilnehmer im Arbeitsalltag beobachten!

Lewin nutzte seine Arbeitsmethode später auch dazu, ethnische Vorurteile in Gruppen abzubauen – zu der damaligen Zeit war die Rassentrennung in großen Teilen der USA noch weit verbreitet. Aus diesen Arbeiten heraus entstanden Ende der 1940er Jahre die sog. Encounter Groups oder auch **Sensitivity-Training Groups** (sog. T-Groups). Die Gruppenformate dienen vor allem dazu, den Teilnehmern ein tieferes Verständnis für ihre eigenen verborgenen Annahmen und Verhaltensweisen zu vermitteln. Man startet dabei bewusst unstrukturiert und »spontan« – eine Gesprächsordnung gab Lewin nicht vor. Durch offene Diskussionsrunden, Rollenspiele und Feedbackprozesse wurden den Teilnehmern dann nach und nach sowohl individuelle als auch gruppenbezogene Stereotype und Dynamiken sichtbar gemacht. Ziel der T-Groups war es letztlich, **die Selbstreflexion** der Beteiligten zu fördern, **empathisches Verhalten** zu stärken und schlussendlich die Bereitschaft zur Zusammenarbeit mit »fremden« Personen zu verbessern (vgl. Hirsch, 1987).

Lewin war davon überzeugt, dass ein Training – sei es für Führungskräfte oder allgemein für Personen, die in Gruppen arbeiten – nur dann seine volle Wirksamkeit entfaltet, wenn es den Teilnehmern ermöglicht, im »*Hier-und-Jetzt*« selbst zu beobachten, wie ihr Handeln auf andere wirkt und andererseits auch wieder sie selbst beeinflusst. Letztlich betrachtete er eine Gruppe eben nicht einfach als bloße Ansammlung von Individuen, sondern eher als einen psychologisch-dynamischen Organismus. Aus dieser Sichtweise heraus können Gruppen ihre Mitglieder sowohl positiv als auch negativ beeinflussen und Verhaltensänderungen herbeiführen, die entweder schädlich oder vorteilhaft sein können (vgl. Marrow, 2002). Das bedeutet: Ein Team ist am Ende das, was es aus sich macht. Jeder wird durch die Gruppe beeinflusst – und beeinflusst seinerseits die Gruppe. Dieser Ansatz steht letztlich in enger Verbindung mit den Ideen des österreichischen Therapeuten **Jakob Moreno**: sein »Psychodrama« und die sog. Soziometrie knüpfen nahtlos an Lewin an (vgl. König/Schattenhofer, 2018).

Lewin, der vielfach als der »Urvater des Change-Managements« bezeichnet wird, identifizierte letztlich vier wesentliche Elemente, die als

»goldene Regeln« für erfolgreichen organisationalen Wandel Eingang in Lehrbücher gefunden haben:

- Die aktive Beteiligung am Veränderungsgeschehen.
- Die Bedeutung und Nutzung der Gruppe als Medium für den Wandel.
- Die Förderung von Kooperation und Zusammenarbeit unter den Betroffenen.
- Die Anerkennung des Wandels als einen Zyklus, der eine Phase des Auftauens (»*Unfreezing*«) alter Einstellungen, die eigentliche Veränderungsphase des Verhaltens (»*Moving*«) sowie eine abschließende Stabilisierungsphase der neuen Gewohnheiten (»*Refreezing*«) umfasst (vgl. Schreyögg/Geiger, 2020; für weitere Details auch Kapitel 7).

IV. Bedeutung und Kritik

Lewin konnte in weiteren Studien die Erkenntnisse aus seinem Experiment zur Speisescheu verfeinern und replizieren. Allerdings besteht vielfach das Problem, dass aufgrund der teilweise spärlichen Dokumentation bezüglich der Versuchsanordnungen und der angewandten Vorgehensweisen nicht zweifelsfrei festgestellt werden kann, inwieweit die für die Aussagekraft eines Experiments zentralen Qualitätskriterien (Objektivität, Reliabilität und Validität; s. Epilog) durchgängig eingehalten wurden. Lewin schrieb dazu: »It is planned to give a full account of these experiments elsewhere« (Lewin, 1943, o. S.).

Am Ende verdeutlicht eine Vielzahl nachfolgender Untersuchungen aus teils ganz unterschiedlichen Bereichen zudem, dass die Veränderung von Einstellungen und Verhaltensweisen sowohl bei Einzelpersonen als auch bei Gruppen letztlich von einem *komplexen Zusammenspiel verschiedener psychologischer Mechanismen* geprägt ist. Spätere Forschungsarbeiten haben gezeigt, dass eben nicht nur soziale Normen, sondern auch persönliche Überzeugungen, gemeinsame Erfahrungen und viele weitere Faktoren eine bedeutende Rolle für den Veränderungserfolg spielen können (vgl. u. a. Stroebe, 2023). Das heißt konkret: So »einfach«, wie es die Ergebnisse von Lewins Experimenten nahezulegen scheinen, lassen sich Einstellungen leider nicht immer verändern.

V. Transfer: Was bedeutet das Experiment zur Speiseabscheu für die Arbeit in Teams?

Die Gruppenmethode bildet heute das Fundament zahlreicher Konzepte für den organisationalen Wandel. Lewins Experimente dazu legten einen zentralen Grundstein für die heutige Führungsforschung. Im Vergleich zu den anderen in diesem Buch behandelten Forschern stellt er zudem einen bemerkenswerten Sonderfall dar. Warum? Er gilt einerseits als Pionier der experimentellen Sozialpsychologie und andererseits auch als jemand, der sich immer auch für das »Große Ganze« interessierte. Diese Dualität ist insofern interessant, als zu seiner Zeit diese beiden Forschungsansätze – »harte« (kleinteilige) naturwissenschaftlich orientierte quantitative Experimentalforschung und »weiche« (holistische) geisteswissenschaftlich geprägte qualitative Forschung – noch als unvereinbar galten.

Heutzutage sind diese »Grabenkämpfe« weitgehend überwunden, sodass Lewin auch als Vorreiter einer integrativen Sichtweise auf das Phänomen »Team« betrachtet werden kann. Während er einerseits an Mechanismen interessiert war, die Teams übergreifend charakterisieren, betonte er gleichzeitig auch die Einzigartigkeit jedes Teams. Demnach betrachtete er Teams sowohl als regelbehaftete soziale Einheiten (sog. Generalisierungsthese) als auch als immer wieder einzigartige soziale Erscheinungen (sog. Unikatsthese; vgl. Busch et al., 2020).

Folgende Ratschläge sind für die Praxis festzuhalten:

1. Aus der Erfahrung lernen

Der Ausdruck »Lerne aus deinen Erfahrungen« hat sich in der Praxis zu einer Art Leitspruch entwickelt, der die Bedeutung des kontinuierlichen Lernens und der reflektierten Anpassungsfähigkeit betont. Die dahinter liegende Idee unterstreicht die Notwendigkeit, sich ständig neuen Anforderungen anzupassen und sich dabei kontinuierlich zu verbessern. Darauf aufbauend haben Kayes und sein Team ein Modell für erfahrungsbasiertes Teamlernen entwickelt (vgl. Kayes et al., 2005). Das Modell betont u. a. die Veränderungen in den mentalen Modellen der Teammitglieder.

Herausgestellt wird somit die **Teamreflexivität** als zentrale Lernkomponente: »Um aus ihren Erfahrungen zu lernen, müssen Teams einen Gesprächsraum schaffen, in dem die Mitglieder gemeinsam über ihre Erfahrungen reflektieren und sprechen können« (eigene Übersetzung nach Kayes et al., 2005, S. 332). Letztlich ermöglicht eine authentische Teamreflexion, gemachte Erfahrungen im Team in gemeinsames Lernen zu überführen. Gemäß des vorgeschlagenen vierstufigen Lernzyklus bilden

- konkrete teamrelevante Erfahrungen die Grundlage für …
- Beobachtungen und tiefergehende Reflexionsprozesse. Diese reflexiv gewonnenen Einsichten sollen dann gemeinsam analysiert und zu abstrakten Konzepten verdichtet werden.
- Schließlich gilt es, diese im Alltag zu testen, was wiederum als Kompass für die Planung neuer Handlungen dienen kann. Nach der Logik dieses Modells sollte dieser Prozess zu einer stetigen sozialen wie intellektuellen Weiterentwicklung des Teams führen (vgl. Abb. 6.1).

Der Begriff **Teamreflexivität** bezeichnet folglich die trainierbare Fähigkeit eines Teams, seine eigenen Stärken und Schwächen kritisch zu evaluieren. Dieser Perspektivenwechsel vom unmittelbaren Handeln zur übergeordneten Betrachtung ermöglicht es nicht nur, die direkte Arbeitsweise zu überdenken, sondern auch Dynamiken der Zusammenarbeit, Denkprozesse und gemeinsame Annahmen zu hinterfragen. Eine derartige kritische Reflexion ist entscheidend für kon-

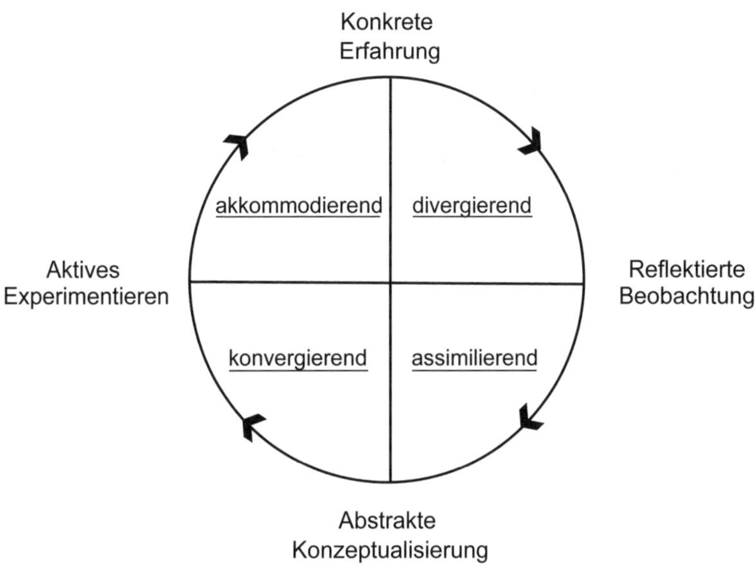

Abb. 6.1 Der erfahrungsbasierte Lernzyklus und grundlegende Lernstile (Quelle: Kayes et al., 2005, S. 334)

tinuierliche Verbesserung und Entwicklung. Obwohl theoretisch keine Grenzen für die Reflexion bestehen, ist die praktische Umsetzung oft herausfordernd. Die Neigung, an bisher bewährten Denk- und Handlungsweisen festzuhalten, kann die Bereitschaft zur Reflexion des eigenen Denkens, Fühlens und Tuns beeinträchtigen (s. Kapitel 7). Daher ist es in einer Organisation wichtig, dass regelmäßig (z. B. immer am Ende einer Arbeitswoche) Reflexionsprozesse bewusst angeregt und im Team institutionalisiert werden. Dies geschieht entweder durch externe Impulse (Unternehmensberater oder professionelle Team-Coaches) oder durch die Gruppe selbst. Beides kann helfen, der allzu menschlichen Tendenz entgegenzuwirken, einfach das Gewohnte fortzusetzen, ohne es gelegentlich einmal kritisch zu hinterfragen (vgl. Busch/von der Oelsnitz, 2018).

Aus **Lewins 3-Phasen-Modell** kann eine strukturiert-hilfreiche Grundlage für die Gestaltung von Reflexionsprozessen im Team abgeleitet werden. Dazu gehören folgende Bausteine:

- **Aktuellen Zustand hinterfragen!**
  In dieser Phase geht es zunächst darum, den Bedarf für eine kritische Reflexion über den Zustand der Teamarbeit zu verdeutlichen (»need of urgency«). Dies kann u. a. durch das Aufzeigen von aktuellen Herausforderungen bei der Aufgabenbewältigung, Unstimmigkeiten im Team oder dem Ergreifen von zukünftigen Potenzialen geschehen. Ein offener Dialog im Team, unterstützt durch gezielte Fragen und Feedback, kann dazu beitragen, ein Bewusstsein für die Notwendigkeit der Reflexion zu schaffen. Das Ziel besteht zudem darin, ein gemeinsames Verständnis dafür zu entwickeln, warum regelmäßige Reflexion im Team wichtig ist.
- **Reflexionsphase**
  Hier findet die eigentliche Reflexionsarbeit statt: Das Team kommt zusammen, um die vorab identifizierten Themen gemeinsam zu diskutieren. Dabei ist es wichtig, auf eine angenehme Atmosphäre zu achten und ein Umfeld des Vertrauens und der Offenheit zu schaffen, damit jedes Teammitglied frei seine Meinungen äußern kann. Die Reflexion kann verschiedene Formen annehmen, wie z. B. strukturierte Gruppendiskussionen, Feedbackgespräche oder auch Rollenspiele. Ziel ist es, gemeinsam die (kontextbezogenen) Stärken und Schwächen der Teamarbeit zu identifizieren, mögliche Verbesserungen zu erarbeiten und konkrete Maßnahmen zur Weiterentwicklung festzulegen. Den Teilnehmern sollte dabei vor allem Zeit

gegeben werden, um über ihre eigene Rolle im Team nachzudenken und wie sich diese auf andere auswirkt.

- **Verankerung der Erfahrungen**
  Nach der Reflexion und nachdem konkrete Maßnahmen zur Verbesserung identifiziert wurden, ist es wichtig, diese langfristig im Team zu verankern. Dies kann durch die Implementierung neuer Prozesse, Strukturen oder Kommunikationswege geschehen, die aus der Reflexion hervorgegangen sind. Darüber hinaus ist es wichtig, Reflexion als kontinuierlichen Prozess zu etablieren, der regelmäßig im Team durchgeführt wird.

Wichtig ist in diesem Zusammenhang auch die sorgfältige Beachtung der sich im Laufe der gemeinsamen Arbeit **ausbildenden Teamnormen**. Dabei gilt: »Jedes Teammitglied prägt das Team, und jedes Teammitglied wird von ihm geprägt« (Edding/Schattenhofer, 2014, S. 15). Das heißt: Wenn man Teams analysieren will, muss man erst einmal die geschriebenen oder auch nur gedachten Normen einer Gruppe sichtbar machen. Beispielsweise haben die Teammitglieder gelernt, wie viel Spannung sie aushalten können oder welche Arbeitsqualität und welcher Führungsstil für alle akzeptabel ist. Die sich entlang dieser Linie herausbildenden Normen dienen sowohl dem Schutz des einzelnen als auch der Kontinuität der Gruppe insgesamt.

2. Ein Team als komplexes Kräftefeld

Ein Team stellt man sich am besten als ein *Kräftefeld* vor, in dem die Bedürfnisse und Eigenarten der Mitglieder und die Anforderungen der Umwelt in immer neuen Konstellationen aufeinandertreffen. Daher noch einmal: Ein Team ist weit mehr als die Summe seiner Teile (denken Sie an unterklassige Fußballmannschaften, die bei sog. K.o.-Spielen nicht selten tabellarisch weit besser platzierte Profiteams besiegen). Das bedeutet: Der Erfolg eines Teams in einer bestimmten Konstellation zu einer bestimmten Zeit kann nicht einfach immer wieder repliziert werden, weil sich sowohl das Team als auch die Situation, unter der es einst agiert hat, verändert haben könnten. Mit anderen Worten: Was gestern für ein Team erfolgreich war, könnte heute das Gegenteil bedeuten – weil sich möglicherweise »unbemerkt« zentrale Rahmenbedingungen verändert haben.

3. Synergieeffekte in Teams entwickeln!

Synergieeffekte durch Teamarbeit sind ein unschätzbares Gut! Sie entstehen, wenn motivierte Personen gemeinsam und reflektiert an einer Aufgabe arbeiten. Diese positiven Effekte beruhen hauptsächlich auf der Zusammenführung verschiedener Stärken und Perspektiven, die jedes Teammitglied einbringt. Im Optimalfall führt diese kollaborative Zusammenarbeit zu einer Gesamtleistung, die größer ist als die Summe ihrer Einzelteile. Lewin würde das Akronym TEAM daher vermutlich mit »*Together Everyone Achieves More*« übersetzen, anstatt mit »*Toll Ein Anderer Macht's*« (s. Kapitel 5).

4. Gemeinsam zur Entscheidung

Des Weiteren sollte die Entscheidungsfindung in wichtigen Angelegenheiten zu einem gemeinschaftlichen Prozess werden, der jedes Teammitglied direkt einbezieht. Der Ablauf könnte wie folgt gestaltet werden: Ein versierter Moderator führt die Diskussion, erläutert den Sachverhalt, bietet mögliche Lösungsansätze an und achtet dabei auf eine offene Gesprächsatmosphäre. Anschließend haben alle Teilnehmer die Möglichkeit, ihre Bedenken und Ideen einzubringen, um ein umfassendes Bild der Situation zu erhalten. In einer zweiten Runde dürfen sie auf die Argumente der anderen eingehen, und weitere Diskussionsrunden folgen. Eine endgültige Entscheidung wird erst dann getroffen, wenn kein Teilnehmer mehr schwerwiegende Bedenken äußert, was durch eine abschließende Frage des Moderators überprüft wird. Es ist ratsam, alle Vorschläge und Bedenken schriftlich festzuhalten (beispielsweise auf einem Flipchart), um sicherzustellen, dass nichts übersehen wird (vgl. Strauch et al., 2018).

Epilog Episode 6

Wenn Herr Kruse nicht so viel Zeit in die Erstellung der Broschüre gesteckt, sondern sich stattdessen in die Lektüre von Lewins Arbeiten – oder ein gutes Psychologie-Lehrbuch – vertieft hätte, wäre ihm bewusst geworden, dass Lernen und Veränderung in einem Team nicht einfach durch Unterweisungen und Informationsweitergabe (wie ansprechend sie auch aufbereitet sein mögen) erfolgen.

Vielmehr kommt es in seiner Abteilung nun darauf an, die Mitarbeiter aktiv einzubeziehen, ihre mögliche Scheu vor der Software zu zerstreuen und nicht nur Schulungen im Frontalformat anzubieten, sondern ge-

meinsam mit allen Beteiligten die Vorteile der Software aktiv zu erproben. Die gemachten Erfahrungen sind im Laufe der Zeit systematisch zu reflektieren und gegebenenfalls nochmals anzupassen.

VI. Literatur zum Experiment zur Speiseabscheu

Burnes, B. (2004): Kurt Lewin and the planned Approach to Change: a reappraisal. In: *Journal of Management Studies*, Vol. 41 (6), S. 977–1002.

Busch, M./von der Oelsnitz, D. (2018): Teammanagement. Grundlagen erfolgreichen Zusammenarbeitens, Stuttgart.

Busch, M./Schmidt, J./von der Oelsnitz, D. (2020): Teamforschung: Methodenmonismus oder Methodenpluralismus? In: *Betriebswirtschaftliche Forschung und Praxis*, Vol. 72 (6), S. 623–651.

Edding, C./Schattenhofer, K. (2014): Einführung in die Teamarbeit, Heidelberg.

Hirsch, J. (1987): The history of the National Training Laboratories 1947–1986: Social equality through education and training, New York.

Kayes, A./Kayes, D./Kolb, D. (2005): Experiential learning in Teams. In: *Simulation & Gaming*, Vol. 36 (3), S. 330–354.

König, O./Schattenhofer, K. (2018): Einführung in die Gruppendynamik, 9. Aufl., Heidelberg.

Lewin, K. (1939): When facing danger. In: Lewin, G. (Hg.), (1948): Resolving social conflict, London, S. 159–168.

Lewin, K. (1943): Forces behind food habits and methods of change, In: *Bulletin of the National Research Council* (108), S. 35–65.

Lewin, K. (1947): Frontiers in group dynamics: Concept, method and reality in social science; social equilibria and social change. In: *Human relations*, Vol. 1 (1), S. 5–41.

Marrow, A. J. (2002): Kurt Lewin. Leben und Werk, Weinheim und Basel.

Schreyögg, G./Geiger, D. (2020): Organisation: Grundlagen moderner Organisationsgestaltung. Mit Fallstudien, Wiesbaden.

Stroebe, W. (2023): Strategien zur Einstellungs- und Verhaltensänderung. In: Ullrich, J./Stroebe, W./Hewstone, M. (Hg.): Sozialpsychologie, Berlin, Heidelberg, S. 227–263.

Strauch, B./Reijmer, A./Endenburg, G. (2018): Soziokratie. Kreisstrukturen als Organisationsprinzip zur Stärkung der Mitverantwortung des Einzelnen, München.

Kapitel 7

Besitzstandswahrung: Tasse oder Schokolade?

Verharren im Status quo
(Richard Thaler & Daniel Kahneman)

Episode 7

Herr Lehmann kommt frisch von der Uni und steigt im Vertriebsbereich eines mittelständischen Unternehmens ein. In einem Gespräch mit seiner Chefin, Frau Müller, äußert er Bedenken, dass die Kunden ihnen weglaufen könnten, wenn sie ihr Leistungsangebot nicht digitalisieren und noch stärker individualisieren würden. Um Kunden individuell maßgeschneiderte Lösungen anbieten zu können, schlägt er vor, eine Software einzuführen, in der sämtliche Daten der Kunden zusammengeführt werden. Hierdurch ließe sich u. a. die Ansprache sowohl bestehender als auch potenzieller Kunden verbessern. Von den Vorteilen begeistert, gibt Frau Müller kurzerhand den Kauf der doch recht teuren Software in Auftrag. Nachdem das Unternehmen die Software erhalten hat, versucht Frau Müller, die Belegschaft von ihrer Einführung zu überzeugen. Allerdings trifft dies auf wenig positive Resonanz: Die Mitarbeiter sind nicht bereit, sich von der aktuellen Lösung zu trennen. Aufbau und Pflege der gewohnten analogen Karteien hätten so viel Energie gekostet, dass es sträflich wäre, diese jetzt abzuschaffen. Viele sorgen sich außerdem um die Stabilität der neuen Software. Wieder andere befürchten, dass sie nicht die notwendige Kompetenz mitbringen, um die neue Software effektiv einsetzen zu können und dann langwierige Schulungen bevorstünden.

I. Aufbau und Ablauf der Experimente zum Endowment-Effekt

Der Endowment-Effekt (deutsch: Besitztums-Effekt) geht auf die Überlegungen des Nobelpreisträgers **Richard Thaler** (geb. 1945) zurück. Thaler fiel bereits als Student dadurch auf, dass er gerne auf Widersprüchlichkeiten zwischen ökonomischen Theorien und Handlungen hinwies (vgl. Kahneman, 2012). Mit seiner Arbeit zum Endowment-Effekt[5] zeigte er 1980, dass in vielen Situationen eine starke Differenz zwischen der Preisbereitschaft beim Kauf (**WTP** – *willingness to pay*) und jener beim Verkauf (**WTA** – *willingness to accept*) desselben Gutes vorliegt. Das bedeutet im Kern, dass Menschen bei einem in ihrem Besitz befindlichen Objekt mehr für dessen Abgabe verlangen, als sie selbst bereit wären, dafür zu bezahlen, wenn sie es erst für sich erwerben wollten. Anders formuliert: Menschen erachten Dinge oder Objekte als wertvoller, nur weil sie sich in *ihrem* Besitz befinden. Ein Effekt, der nach den ursprünglichen Überlegungen Thalers vielseitig variiert untersucht. So u. a. von:

Knetsch (1989): 1989 wurde eine Klasse der University of British Columbia in drei Gruppen unterteilt. Als »Belohnung« für das Ausfüllen eines längeren Fragebogens erhielten die Teilnehmer der **Gruppe 1** eine Kaffeetasse (Wert 4,95 $) und jene der **Gruppe 2** einen Schokoriegel (Wert 6 $). Anschließend wurde ihnen angeboten, ihre Belohnung gegen das jeweils andere Gut zu tauschen. Die Teilnehmer der **Gruppe 3** (sog. Wähler) konnten von Anfang an frei zwischen den beiden Gütern wählen.

Kahneman et al. (1990): Ein Jahr später untersuchte Thaler mit seinen Kollegen Kahneman (2002 ebenfalls mit dem Nobelpreis gekürt) und Knetsch den Endowment-Effekt in einer Reihe von Experimenten an verschiedenen Hochschulen. In den ersten fünf Experimenten wurden die Studenten zu gleichen Teilen in Käufer und Verkäufer unterteilt, wobei Verkäufer jeweils ein Gut erhielten – z. B. eine Tasse mit Universitäts-Logo, einen Stift oder ein Fernglas. Anschließend wurden beide Parteien gebeten, für die jeweiligen Güter ihren maximalen Kaufpreis bzw. minimalen Verkaufspreis zu fixieren. Hierfür sollten sie auf einer in 0,5 $-Schritten gestaffelten Liste mit Preisen zwischen 0,25 $ und 8,75 $ angeben, ob sie für den jeweiligen Preis bereit wären, das Objekt zu kaufen (WTP) bzw. zu verkaufen (WTA).

Bei den letzten beiden Experimenten wurde – wie bei der Studie von Knetsch (1989) – neben Käufern und Verkäufern eine dritte Gruppe der sog. Wähler eingeführt. Käufer und Verkäufer sollten auch hier wieder auf einer Liste mit Preisen angeben, zu welchem Preis sie bereit wären, zu kaufen bzw. zu verkaufen. Die Wähler bekamen die gleiche Preisliste vorgelegt, jedoch konnten sie bei den jeweiligen Preisen wählen, ob sie lieber das jeweilige Gut oder lieber das Bargeld nehmen würden (vgl. Kahneman et al., 1990).

II. Ergebnisse

In dem Experiment von Knetsch (1989) betrug der Anteil der Studenten, der sich nach dem Tauschangebot für die Tasse entschied, in Gruppe 1 = 89 %, in Gruppe 2 = 10 % und in Gruppe 3 = 55 %. Die Gruppen 1 und 2 blieben also überwiegend bei dem Gut, das sie initial erhalten hatten; während Gruppe 3 keine wirklich erkennbare Präferenz aufwies.

In der Studie von Kahneman et al. (1990) betrugen die verlangten Preise der Verkäufergruppen in den ersten fünf Experimenten durchschnittlich mehr als das Doppelte der gebotenen Käuferpreise. Dementsprechend kam es auch zu deutlich weniger Geschäften zwischen Käufern und Verkäufern als erwartet. In den letzten beiden Experimenten lag der Median des Verkäuferpreises bei 7,12 $ bzw. 7 $. Der des Käuferpreises hingegen lediglich bei 2,87 $ bzw. 2 $. Entsprechend kam es auch hier zu einer unterdurchschnittlichen Handelsbereitschaft. Der Median des Wählerpreises betrug 3,12 $ bzw. 3,5 $ und lag somit deutlich näher an der Preisbereitschaft der Käufer als jener der Verkäufer. Dadurch, dass Wähler sich tendenziell deutlich stärker wie Käufer verhielten, kann geschlussfolgert werden, dass es letztlich der **Widerwille gegen einen Verkauf** beim Besitzer war, der die einzelnen Preisdiskrepanzen verursachte (vgl. Kahneman et al., 1990).

III. Was können wir aus dem Experiment lernen?

Die einzelnen Experimente zeigen, dass der Wert eines Gutes für uns offenbar steigt, sobald es sich in unserem Besitz befindet. Man könnte auch sagen: Der Mensch empfindet beim Verkauf von Eigentum eine Art schmerzliches Verlustgefühl und lässt sich die Verschlechterung seines Status-quo teuer bezahlen. Denn wenn die entstehenden Preisdiskrepanzen zwischen Käufer und Verkäufer primär auf den Widerwillen des Besitzers gegenüber dem Verlust seines Eigentums zurückgeführt werden können, dann heißt das konkret, dass es für uns Menschen offenbar schwer zu sein scheint, sich von eigenen Dingen zu trennen bzw. diese ganz aufzugeben. Die **neue Erwartungstheorie** (**Prospect Theory**) liefert hierfür einen geeigneten Erklärungsansatz. Dabei sind unter anderem die folgenden beiden Prinzipien von besonderer Bedeutung (vgl. Kahneman/Tversky, 1979; Thaler, 1980 oder Kahneman, 2012):

1. Das Prinzip des **neutralen Referenzpunkts**
2. Das Prinzip der **Verlustaversion**

Im Gegensatz zur neuen Erwartungstheorie ergibt sich der Wert eines Gewinns bzw. eines Verlustes in der klassischen Nutzentheorie durch den Vergleich zweier Vermögenszustände. Allerdings wird dabei davon ausgegangen, dass der Referenzwert – also der Ausgangspunkt – keine Bedeutung hat und die Akteure insgesamt risikoneutral handeln – sich bspw. von Formulierungen einer Entscheidung oder der Eintrittswahrscheinlichkeit bestimmter Szenarien nicht beeinflussen lassen. Genau diese Annahmen treffen im Rahmen der neuen Erwartungstheorie und des Besitztums-Effekts allerdings nicht mehr zu. Es ist nun nicht nur die Differenz zweier Vermögensgegenstände von Bedeutung, sondern vielmehr auch die Veränderung mit Blick auf einen Ausgangszustand (sog. **neutraler Referenzpunkt**). Ergebnisse oberhalb des Ausgangszustandes betrachten wir demgemäß als Gewinne, darunterliegende Ergebnisse als Verluste.

Es hat sich jedoch gezeigt, dass negative Veränderungen deutlich stärker bewerten werden, als positive Veränderungen in gleicher Höhe. Das Phänomen, dass Menschen Verluste stärker bewerten als Gewinne in derselben Höhe bezeichnet man als **Verlustaversion** (vgl. Kahneman/Tversky, 1979; Thaler, 1980; Kahneman et al., 1991). Mit Blick auf die grafische Darstellung der neuen Erwartungstheorie (Abb. 7.1) zeigt sich die Verlustaversion darin, dass die Kurve auf der linken Seite deutlich steiler verläuft als auf der rechten Seite. D. h. es kommt zu einer stärkeren Veränderung des Nutzens, wenn wir einen Betrag (X) verlieren, als wenn wir denselben Betrag (X) gewinnen. Tatsächlich bewerten wir Verluste im direkten Vergleich durchschnittlich um den **Faktor 1,5 bis 2,5 stärker** als Gewinne in der gleichen Höhe. Folgendes Beispiel macht die Bedeutung des neutralen Referenzpunktes und der Verlustaversion greifbarer:

Beispiel 1: Im ersten Szenario herrscht Rezession, starke Arbeitslosigkeit, aber keine Inflation. Aus gegebenem Anlass entscheidet sich ein Unternehmen, die Löhne um 7 % zu reduzieren. Nur 37 % der Befragten empfinden diese Lohnminderung als akzeptabel. Im zweiten Szenario herrschen ebenfalls Rezession und starke Arbeitslosigkeit. Zusätzlich liegt aber eine Inflation von 12 % vor. Die Firma beschließt, die Löhne um 5 % anzuheben. Hier empfinden 78 % der Befragten die Lohnerhöhung als akzeptabel (vgl. Kahneman et al., 1991). Dies ist insofern überraschend, als dass in beiden Fällen zunächst ein vergleichbarer Verlust der tatsächlichen Kaufkraft bzw. des Reallohns (Reallohn = Nominallohn – Inflation) vorliegt, die Richtung der Veränderung des direkt sichtbaren Nominallohns jedoch zu einer sehr unterschiedlichen Bewertung dieses gleichen Endzustandes führt.

Einige von Ihnen kennen vielleicht Sprüche à la »Für mich wird der Sprit nicht teurer, ich tanke immer für 30 €«. Eine Lohnminderung ist also weniger akzeptabel als eine Lohnerhöhung, unabhängig davon, wieviel Sie am Ende für das Geld an der Tankstelle erhalten. Auch entgangene Gewinne sind für uns offenbar weniger schmerzhaft als eingetretene Verluste (vgl. Kahneman/Tversky, 1979; Thaler, 1980; Kahneman et al., 1991). Dies führt dazu, dass wir im Angesicht von Verlusten zu mehr Risikobereitschaft tendieren, wie folgende Beispiele zeigen:

Beispiel 2: Bei der Lotterie auf einen Münzwurf bietet man Ihnen an, bei Zahl 100 $ zu verlieren und bei Kopf 150 $ zu erhalten. Trotz des positiven erwarteten Nutzens würden viele diese Lotterie vermutlich ablehnen (vgl. Kahneman, 2012, S. 348f.). Statt uns auf Wahrscheinlichkeiten zu verlassen, scheinen wir in Entscheidungssituationen auf subjektive Entscheidungsgewichte zurückzugreifen. Diese subjektiven Entscheidungsgewichte – also, dass wir Verluste stärker bewerten als Gewinne in gleicher Höhe – sorgen auch dafür, dass wir bei Gewinnen risikoavers und bei Verlusten risikoaffin werden, vor allem, wenn wir nur zwischen zwei negativen Optionen wählen können (vgl. Thaler, 1980). Betrachten wir hierfür noch ein weiteres **Beispiel 3** (vgl. Kahneman, 2012, S. 344).

- Fall 1: Sie haben die Wahlmöglichkeit zwischen dem sicheren Verlust von 900 € oder dem 90 %-tigen Verlust von 1000 €.
- Fall 2: Sie können zwischen dem sicheren Gewinn in Höhe von 900 € und der 90 %-tigen Gewinnchance auf 1000 € wählen.

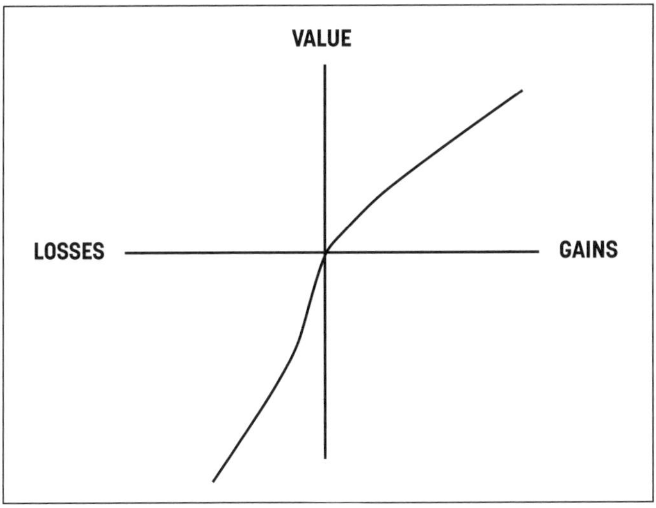

Abb. 7.1 Grafische Darstellung zur neuen Erwartungstheorie (Quelle: Thaler, 1980, S. 43)

Intuitiv haben sich die meisten von Ihnen in Fall 1 sicherlich für den 90 %-tigen Verlust in Höhe von 1000 € entschieden, wohingegen sich die meisten in Fall 2 wahrscheinlich für den sicheren Gewinn in Höhe von 900 € entscheiden würden. Im Angesicht zweier negativer Optionen scheint es somit (irrationalerweise) attraktiver, ein höheres Risiko einzugehen; hier also 1000 € zu 90 % zu verlieren, anstatt den Verlust auf 900 € zu beschränken.

Ein wiederholendes Motiv der hier genannten Beispiele ist, dass Menschen nicht immer rein ökonomisch rational handeln. Dieses Motiv ist ein Kern der recht jungen wirtschaftswissenschaftlichen Strömung **Verhaltensökonomik**, zu deren Entwicklung die Prospect-Theory und der Endowment-Effekt einen entscheidenden Beitrag geleistet haben.

Möglicherweise haben einige von Ihnen schon einmal vom Prinzip des **Homo oeconomicus** gehört – ein idealtypischer Akteur, der rein wirtschaftliche Interessen verfolgt und dabei stets rational und im Sinne seiner eigenen Nutzenmaximierung handelt. Der Homo oeconomicus war eine zentrale Grundannahme, die der neoklassischen Theorie zugrunde lag und durch die Verhaltensökonomik relativiert wurde. Gerade im Angesicht komplexer und komplizierter Entscheidungsprobleme gerät das Prinzip des *Homo oeconomicus* aber an seine Grenzen. Denn beim durchschnittlich intelligenten Menschen handelt es sich nicht um einen Roboter oder gar einen Experten auf dem Gebiet der Entscheidungslehre (vgl. Thaler, 1980). Hierzu legte der Nobelpreisträger **Herbert Simon** mit seinem **Konzept der eingeschränkten Rationalität** (*bounded rationality*) bereits vor Richard Thaler einen wesentlichen Grundstein (vgl. Simon, 1957), indem er durch Studien in Verwaltungs- und Wirtschaftsorganisationen nachwies, dass der Mensch in nichteindeutigen Entscheidungssituationen recht schnell überfordert ist. Z. B. hindern ihn intellektuelle, politische oder historische Beschränkungen, ausreichend Informationen zu erhalten bzw. Informationen ausreichend zu verarbeiten und Entscheidungen so zu treffen, wie es unter dem Gesichtspunkt der vollkommenen Rationalität logisch wäre.

IV. Bedeutung & Kritik

Auch der Endowment-Effekt ist kritischen Anmerkungen ausgesetzt. Manche sehen in dem in den Experimenten beschriebenen Verhalten typisch menschliche Züge, wie die weit verbreitete Angewohnheit des Menschen, als Käufer einerseits Preise zu drücken und als Verkäufer andererseits eine möglichst hohe Marge erzielen zu wollen. Ein Gang über den regionalen Flohmarkt sagt hier alles. Durch die Gruppe der sog. Wähler kann diese Kritik jedoch entkräftet werden. Auch die Kritik, dass der Endowment-Effekt lediglich das Ergebnis einer sentimentalen Beziehung zum Objekt ist, wurde durch das unverzügliche Auftreten des Effekts in den Experimenten widerlegt (vgl. Kahneman et al., 1990; Kahneman et al., 1991). Wiederholt wurde von dritter Seite auch angemerkt, dass dieser Effekt auf eine mangelnde Handelserfahrung der Versuchspersonen zurückgeführt werden könne. Ein Literaturüberblick aus dem Jahr 2002 bezeichnet den Gedanken, dass der Unterschied zwischen WTA und WTP mit zunehmender Handelserfahrung sinkt, zwar als intuitiv ansprechend, jedoch seien die Belege hierfür letztlich schwach (vgl. Horowitz/McConnell, 2002).

Auch bei Tieren (z. B. Orang-Utans) konnte der Endowment-Effekt nachgewiesen werden (vgl. Flemming et al., 2012). Wissenschaftler untersuchen den Endowment-Effekt deshalb auch vor dem Hintergrund unserer Evolution. Am Ende hat sich risikoaverses Verhalten in der Menschheitsgeschichte in vielen Situationen als lebenserhaltend erwiesen – stellte also einen wichtigen Selektionsvorteil dar. Unvorsichtig zu sein konnte dagegen schwere Verletzungen oder gar den

Tod bedeuten. Der Endowment-Effekt und die mit ihm verbundene Verlustaversion haben also möglicherweise dazu geführt, dass unsere Gene überhaupt weitergegeben werden konnten und unser Handeln auch heute noch bestimmen (vgl. auch Dobelli, 2020).

Insgesamt bleibt festzuhalten, dass die Kernaussagen des Endowment-Effekts in ganz verschiedenen Zusammenhängen Bestand haben (z. B. Studenten vs. Nicht-Studenten; Geld vs. Waren/Gesundheit/Freizeit; kleine vs. große Beträge; vgl. dazu auch Horowitz/McConnell, 2002). Die Wissenschaft zählt den Endowment-Effekt und das Prinzip der Verlustaversion daher zu den robustesten Erkenntnissen der Psychologie der Entscheidungsfindung überhaupt (vgl. Knetsch et al., 2001).

V. Transfer – Was bedeutet der Endowment-Effekt für den organisationalen Wandel?

Beispiele, die im privaten Alltag auf den Besitztums-Effekt hinweisen, sind z. B. Eventkarten, an die wir einmal mit Glück gelangt sind, jetzt aber selbst für einen höheren Preis nicht mehr hergeben wollen. Im beruflichen Bereich zeigt sich der Effekt z. B. dann, wenn Unternehmen an Sparten oder Standorten festhalten, die sie – in einem anderen Kontext – niemals neu erwerben würden. Die Wirkung einer Verlustaversion lässt sich aber auch konstruktiv nutzen, z. B. im Marketing in Form von Gratis-Warenproben oder der 30-Tage-Geld-zurück-Garantie, befristeten Lese-Gutscheinen oder Probefahrten mit exklusiven Autos. Hier setzt man von Anbieterseite ganz gezielt und bewusst auf unsere Tendenz zur Sicherung eines einmal erreichten Status-quo. Das Wissen um die menschliche Verlustaversion lässt sich vom Verkäufer einer Ware schließlich auch dazu nutzen, realistische Marktpreise zu setzen – denken Sie nur an seltene Grundstücksverkäufe oder Einstiegspreise bei noch ungewohnten, hochinnovativen Produkten.

Nachfolgend werden weitere Praxisimplikationen genannt, die sich aus den bisherigen Ausführungen ableiten lassen. Dabei wird zunächst allgemein auf kognitive Verzerrungen eingegangen. Anschließend wird ein Bezug zum menschlichen Risikoverhalten hergestellt. Abschließend liegt der Fokus auf dem Verständnis von menschlichem Verhalten im Kontext eines geplanten organisationalen Wandels.

1. Kognitive Verzerrungen

Der Endowment-Effekt reiht sich in eine Vielzahl kognitiver Verzerrungen ein, die unsere Entscheidungsprozesse nachhaltig beeinflussen. Unsere Anfälligkeit für kognitive Verzerrungen liegt auch darin begründet, dass unsere Entscheidungen und Handlungen durch zwei unterschiedliche kognitive Prozesse beeinflusst werden. Während wir in manchen Situationen kontrolliert, analytisch und systematisch vorgehen (bspw., wenn wir versuchen, ein schwieriges Rätsel zu lösen), entscheiden wir in anderen Situationen »automatisch«, impulsiv und schnell unter Zuhilfenahme von Bauchgefühlen oder Heuristiken (bspw., wenn wir Gefahr verspüren und umgehend die Flucht ergreifen). Und auch wenn Intuition und Heuristiken einen wichtigen Aspekt in Entscheidungsprozessen darstellen kann – denken Sie beispielsweise an die Notlandung von Chesley Sullenberger auf dem Hudson River – gilt es sich den Gefahren, die mit dieser Art der Entscheidung im Unternehmensalltag einhergehen können, bewusst zu werden.

So besteht bei intuitiven Entscheidungen u. a. die Gefahr, dass sich unsere Intuition, auf die wir uns bei einer Entscheidung verlassen, in Situationen entwickelt hat, die mit dem Kontext des aktuell vorliegenden Entscheidungsproblems nur noch wenig gemein haben. Darüber hinaus laufen wir Gefahr, dass wir, sofern wir uns bei unternehmerischen Entscheidungen von Emotionen, intuitiven Impulsen und Heuristiken leiten lassen, leichter beeinflussbar werden. Mit Blick auf die Relevanzeinschätzung von Informationen kann es hier z. B. vorkommen, dass wir aufgrund einer subjektiven Meinung primär jene Informationen wahrnehmen, die dieser Meinung entsprechen. Oder, dass wir Informationen als relevanter einschätzen, nur weil wir sie erst kürzlich gehört haben und uns somit besser an sie erinnern können. Wir entscheiden dann möglicherweise basierend darauf, dass sich eine Information oder Entscheidungsvorlage »vertraut«, »gut« oder »richtig« anfühlt, was der Komplexität eines Problems oder einer Situation jedoch ggf. nicht mehr gerecht wird (vgl. Kahneman, 2012).

Direkt zu Beginn seines Bestsellers **»Schnelles Denken, Langsames Denken«** beschreibt Kahneman, wie wichtig es ist, Phänomene zu kennen, die unsere Entscheidungen systematisch verzerren; wie ein Mediziner müssen wir Kenntnis von diesen »Krankheiten«, ihren Symptomen, Ursachen und Verläufen haben (vgl. Kahneman, 2012). Bereits die Kenntnis des Besitztums-Effekts ist somit ein wichtiger erster Schritt, um das Verhalten unserer Mitmenschen nachvollziehen zu können bzw. für potenzielle Reaktionen sensibilisiert zu werden. Das hilft uns, (eigene) Entscheidungen in der Unternehmenswelt besser zu reflektieren und potenziellen Verzerrungen entsprechend begegnen zu können.

Darüber hinaus kann die Institutionalisierung von Entscheidungsprozessen die Gefahr der o. g. Urteilsfehler sowie daraus resultierender, impulsiver Fehlentscheidungen reduzieren. Gestaltungsmöglichkeiten sind hier z. B. mehrstufige Freigabeprozesse und Gremien. Um dabei gleichzeitig die Risiken des Gruppendenkens oder des Risikoschubs (s. Kapitel 4) zu vermeiden, eignet sich bspw. auch die Benennung eines sog. **Advocatus Diaboli**, welcher durch Einnehmen einer diametralen Gegenposition zur vorherrschenden Mehrheitsmeinung vorschnelle Fehlentscheidungen unterbinden kann (vgl. Schweiger et al., 1989).

2. Vorsicht bei möglichem »Eskalierenden Commitment«!

Forschung zum Endowment-Effekt hat auch gezeigt, dass dieser sich verstärkt, wenn wir für das Erreichen eines Gutes oder einer Sache viele Ressourcen, wie zum Beispiel Zeit, Geld oder auch physische und psychische Energie investiert haben (vgl. Thaler, 1980). Es fällt uns dann umso schwerer, die Sache aufzugeben und wir neigen dazu stattdessen noch mehr zu investieren, damit vorherige Investitionen »nicht umsonst« waren; ein hoffnungsloses Unterfangen. Ein Grund hierfür ist unser Bestreben, konsistent zu erscheinen. Denn Konsistenz signalisiert Glaubwürdigkeit. Sobald wir uns nun jedoch gegen ursprüngliche Ansichten oder Entscheidungen stellen, müssen wir uns ggf. Fehler zugestehen oder generieren Widersprüche, von denen wir annehmen, dass sie unsere Glaubwürdigkeit untergraben (vgl. Dobelli, 2020). Reflektieren Sie dieses Phänomen im Rahmen von Entscheidungen, insbesondere bei Projektarbeiten. Wenn bereits hohe Investitionen in ein Projekt geflossen sind, nutzen Sie dies nicht als einziges Argument für dessen Fortführung, denn historische Kosten sollten bei rationalen Entscheidungen keine Rolle spielen. Orientieren Sie sich stattdessen an der erwarteten Entwicklung bzw. den erwarteten Entwicklungen und Erfolgsaussichten alternativer Investments – oder beziehen Sie diese zumindest in die Entscheidung mit ein. Stichwort: Vermeiden Sie, gutes Geld schlechtem hinterherzuwerfen.

3. Eigenschaften des subjektiven Risikoverhaltens

Die Verlustaversion des Menschen lässt sich für alltägliche Entscheidungssituationen nutzen. Das Experiment von Stoner zum Risikoschub (s. Kapitel 4) hat uns gelehrt, dass Individuen im Kollektiv zwar zu

Risikoaffinität neigen, alleine jedoch vorsichtig agieren. Wenn unser Ziel allerdings darin besteht, Menschen auch alleine zu mutigen Entscheidungen zu animieren, können wir dies durch **Framing** unterstützen. Framing bezeichnet die Möglichkeit, dieselben Informationen unterschiedlich darzustellen und somit unterschiedliche Emotionen hervorzurufen, um dadurch u.a. Entscheidungen zu beeinflussen (vgl. Kahneman, 2012). Kurz: »Form schlägt Inhalt«. Entscheidungssituationen ließen sich beispielsweise so rahmen, dass das Individuum die negativen Auswirkungen von Nichttätigkeit plastisch aufgezeigt bekommt, oder wir alternativ zwei Optionen darstellen, die beide als Verlust interpretiert werden. Denn die Experimente haben uns gezeigt, dass wir in Situationen, in denen wir nur zwischen zwei negativen Ergebnissen entscheiden können, am Ende wahrscheinlich die risikoreiche Option verfolgen werden.

4. Geplanter organisationaler Wandel

Kurt Lewin (s. Kapitel 6) zeigte, dass geplante Wandlungsprozesse idealtypisch in die drei Phasen »Auftauen«, »Verändern« und »Einfrieren« untergliedert werden können (vgl. Lewin, 1947). In Phase eins müssen wir die Organisation dazu bringen, sich von Aktuellem zu lösen und auf Neues einzulassen. In Phase zwei erfolgt die eigentliche Veränderung, welche in der dritten Phase dann als »Neues Normal« verankert wird. John Kotter, Autor des Change-Management Klassikers **Leading Change**, überführt den Ansatz von Lewin in ein Acht Stufen Modell (vgl. Abb. 7.2)

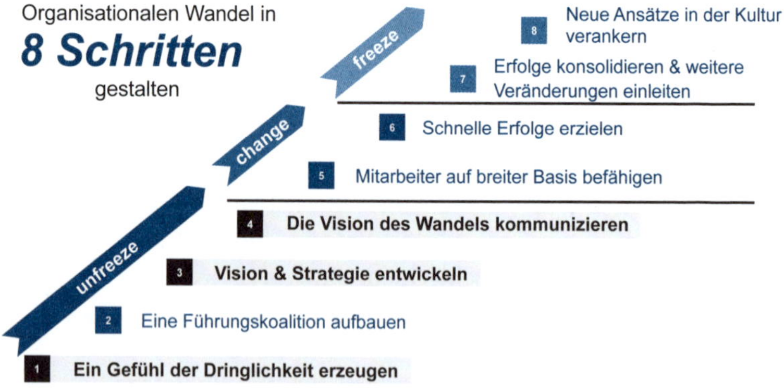

Abb. 7.2 Organisationalen Wandel in 8 Schritten gestalten (eigene Darstellung in Anlehnung an Kotter, 2011).

Die Experimente dieses Kapitels zeigen uns, dass wir dazu neigen, den aktuellen Zustand zu präferieren und in ihm zu verharren (vgl. Samuelson/Zeckhauser, 1988). Diesem sog. **Status quo Bias** unterliegen wir paradoxerweise selbst dann, wenn klar ist, dass das Weiterführen des Status quo unmöglich ist (vgl. Kahneman et al., 1991). Das bedeutet konkret: Selbst, wenn das Unternehmen in Schieflage gerät und ein »weiter so« keine Option darstellt, werden viele Unternehmensangehörige diese Situation als Referenzwert betrachten. Der Besitztums-Effekt zeigt uns, dass wir viel mehr Angst haben, Bestehendes zu verlieren, als uns aktiv darauf einzulassen, etwas Neues zu gewinnen. Wir sehen tendenziell Risiken statt Chancen und versuchen, Verluste zu vermeiden, anstatt auf Gewinn zu spekulieren; mit Blick auf organisationale Wandlungsprozesse bringt dies große Herausforderungen mit sich.

Für die Praxis bedeutet dies konkret zwei Dinge: Zum einen unterstreicht es die Notwendigkeit, ein **Gefühl der Dringlichkeit** für den Wandel zu erzeugen. Und zum anderen hebt es die Bedeutung der **Entwicklung und Kommunikation einer klaren Vision und Strategie** hervor. Denn nur durch das Gefühl der Dringlichkeit werden wir Individuen und Teams (s. Kapitel 6) dazu bringen können, sich von Bestehendem zu lösen und den Status quo Bias zu überwinden. Ein Gefühl der Dringlichkeit lässt sich durch das zuvor angeführte Framing unterstützen. Indem wir zunächst in vielen kleineren Situation plakativ aufzeigen, dass wir Verluste vermeiden, wenn wir uns vom »Nichtstun« bzw. »Weiter-So« lösen, können wir uns die Verlustaversion zu Nutze machen und die Einstellungen sukzessive in die Richtung des Wandels lenken (**Push-Prinzip**). Es gilt also darzustellen, dass eben nicht die Veränderung einen Verlust darstellt, sondern das Festhalten am Status quo zu Verlusten führen wird, die durch Veränderungen verhindert werden können. Dies könnte beispielsweise bedeuten, Kollegen aufzeigen, wie sich Kundenzahlen, die finanzielle Lage oder auch die Personalstruktur negativ entwickeln werden, wenn keine Veränderungen eintreten; eine Facette, die im Folgekapitel zum Furchtappell-Experiment (s. Kapitel 8) weiter konkretisiert wird.

Ergänzt werden sollte das Gefühl der Dringlichkeit unbedingt noch um eine klare Vision, welche den gesamten Wandelprozess überspannt (**Pull-Prinzip**). Denn zur Überwindung des Besitztums-Effekts ist es eben auch notwendig, den Beteiligten mehr zu bieten, als sie aktuell haben – Sie erinnern sich an die Experimente, bei denen der Verkaufspreis durchschnittlich über das Doppelte des Kaufpreises betrug. Die

Unternehmensvision muss für die Beschäftigten somit einen »Gewinn« darstellen, welcher die erwarteten Veränderungsverluste um ein Vielfaches übersteigt. Dieser Aspekt zur Gestaltung des organisationalen Wandels wird im übernächsten Kapitel zum Marshmallow-Test (s. Kapitel 9) detaillierter aufgegriffen, indem dargestellt wird, worauf es bei der Entwicklung einer Vision ankommt.

In Kürze:

- Menschen handeln nicht immer rational. Ein Grund dafür können kognitive Verzerrungen sein. Eine dieser kognitiven Verzerrungen ist der Endowment-Effekt, welcher besagt, dass wir ein Gut, dass wir schon in unserem Besitz haben, in seinem Wert meist höher einschätzen, als wenn wir dieses erst noch erwerben müssten.
- Der Endowment-Effekt verstärkt sich, wenn man viele Ressourcen (z. B. in Form von Zeit, Mühe oder Geld) investiert hat, um das Gut zu erhalten.
- Menschen bewerten Verluste deutlich stärker als Gewinne in gleicher Höhe und neigen dazu, im Status quo zu verharren. Diese sog. Verlustaversion stellt eine besondere Herausforderung für den organisationalen Wandel dar.
- Nur indem wir ein Gefühl der Dringlichkeit erzeugen und eine attraktive Vision des Wandels schaffen, können wir Menschen dazu bewegen, sich vom Status quo zu lösen.

Epilog Episode 7

Die Kaufentscheidung von Frau Müller basierte auf der Erkenntnis zurückgehender Umsätze und wurde kurzerhand ohne Absprache eigenständig getroffen. Was können wir aus dieser Situation lernen? Weitreichende Entscheidungen sollten in Unternehmen durch institutionalisierte Prozesse getragen werden. Eine offene Diskussion vorab ermöglicht es, mehrere Perspektiven zu hören, bevor eine weitreichende Entscheidung getroffen wird. Eine ausgewählte, bewusst kritische Person hätte die bestehenden Bedenken aufnehmen und die Ängste und Sorgen der Mitarbeiterschaft gezielt adressieren sollen.

Noch etwas ist Frau Müller nun klar geworden: Sie hätte eine Vision formulieren sollen, in der sie deutlich auch die vorhandenen Sorgen und Ängste ihrer Mitarbeiter adressiert. Der italienische Philosoph Niccolò Machiavelli hat einmal sinngemäß gesagt: Das Neue ist unbekannt und hat daher nur laue Verteidiger – während aber viele Gegner des Wandels erahnen, was sie durch ihn verlieren. Ui, denkt sie sich: Das ist nicht schlecht …

VI. Literatur zum Endowment-Effekt

Dobelli, R. (2020). Die Kunst des klaren Denkens, München.

Flemming, T./Jones, O./Mayo, L. et al. (2012): The endowment effect in orangutans. In: *International Journal of Comparative Psychology*, Vol. 25 (4), S. 285–295.

Horowitz, J./McConnell, K. (2002): A review of WTA/WTP studies. In: *Journal of environmental economics and Management*, Vol. 44 (3), S. 426–447.

Kahneman, D./Tversky, A. (1979): Prospect Theory: An Analysis of Decision under Risk. In: *Econometrica*, Vol. 47 (2), S. 263–292.

Kahneman, D./Knetsch, J./Thaler, R. (1990): Experimental tests of the endowment effect and the Coase theorem. In: *Journal of political Economy*, Vol. 98 (6), S. 1325–1348.

Kahneman, D./Knetsch, J./Thaler, R. (1991): Anomalies: The endowment effect, loss aversion, and status quo bias. In: *Journal of Economic perspectives*, Vol. 5 (1), S. 193–206.

Kahneman, D. (2012): Schnelles Denken, langsames Denken, Hamburg.

Knetsch, J. (1989): The endowment effect and evidence of nonreversible indifference curves. In: *The american Economic review*, Vol. 79 (5), S. 1277–1284.

Knetsch, J./Tang, F./Thaler, R. (2001): The endowment effect and repeated market trials: Is the Vickrey auction demand revealing? In: *Experimental economics*, Vol. 4, S. 257–269.

Lewin, K. (1947): Frontiers in group dynamics: Concept, method and reality in social science; social equilibria and social change. In: *Human relations*, Vol. 1 (1), S. 5–41.

Samuelson, W./Zeckhauser, R. (1988): Status quo bias in decision making. In: *Journal of Risk and Uncertainty*, Vol. 1, S. 7–59.

Schweiger, D./Sandberg, W./Ragan, J. (1986): Group approaches for improving strategic decision making: A comparative analysis of dialectical inquiry, devil's advocacy, and consensus. In: *Academy of management Journal*, Vol. 29 (1), S. 51–71.

Simon, H. (1957): *Models of man; social and rational, New York.*

Thaler, R. (1980): Toward a positive theory of consumer choice. In: *Journal of economic behavior & organization*, Vol. 1 (1), S. 39–60.

Kapitel 8

Wie kommt der Wandel ins Rollen?

Ein bisschen Furcht muss sein
(Irving Janis & Seymour Feshbach)

Episode 8

Frau Schäfer ist Bereichsleiterin in einem Unternehmen, das auf eine stolze Firmengeschichte zurückblickt. Allerdings hat es das Unternehmen verpasst, sich in den letzten Jahren den verändernden Bedürfnissen des Marktes anzupassen: Das Unternehmen schreibt seit längerer Zeit rote Zahlen. Eines Tages kündigte die Chefin von Frau Schäfer an, dass schleunigst Veränderungen eintreten müssten, andernfalls sei man gezwungen, entsprechende Konsequenzen einzuleiten. Verzweifelt gibt Frau Schäfer den Druck an die Belegschaft weiter: Im nächsten Jour Fixe greift sie zur »Sense«. Undifferenziert bekundet sie, dass die Performance der Abteilungen extrem nachgelassen habe und man in der höheren Management-Etage über die Tauglichkeit einiger Leute sowieso schon länger kritisch rede. Sie droht an, dass, wenn sich dieser Trend fortsetze, dies massive Konsequenzen mit sich brächte. Nicht-performante Projekte würden dann eingestellt und auch personelle Konsequenzen seien nicht auszuschließen.
Überrascht und wenig überzeugt von Frau Schäfers Ansprache beginnen die Mitarbeiter ihre Leistung zu reduzieren. Die Krankheitstage nehmen zu und neben einem Einbruch an Commitment zeigt sich auch ein massiver Rückgang des Informationsflusses in und zwischen Projekten. Manche beginnen, nach alternativen Jobs Ausschau zu halten.

I. Aufbau und Ablauf des Furchtappell-Experiments

Täglich begegnen wir furchterregenden Reizen. Denken Sie bspw. an Nachrichten zum Klimawandel und Pandemien, abschreckende Bilder auf Zigarettenschachteln oder Autobahnplakate zu »auseinandergerissenen Familien«. Furcht[6] ist eine unserer zehn fundamentalen Emotionen. Emotionen charakterisieren einen komplexen Prozess neurophysiologischer, neuromuskulärer und phänomenologischer Aspekte und haben letztlich einen maßgeblichen Einfluss darauf, wie wir Dinge empfinden und uns verhalten (vgl. Izard, 1999).

Bei den zuvor genannten Beispielen handelt es sich um sog. **Furchtappelle,** die – so oder in ähnlicher Form – seit Jahrhunderten von Politikern, Predigern, Ärzten etc. im Rahmen ihrer Kommunikation verwendet werden (vgl. Witte/Allen, 2000). Kommunikation verfolgt grundsätzlich drei Funktionen: zu informieren, zu unterhalten und/oder zu überzeugen (vgl. Wehner, 1996). Furchtappelle zielen primär auf die letztgenannte Funktion – die Überzeugung (*Persuasion*) – ab. Sie machen sich dabei zunutze, dass unsere Emotionen vor allem durch äußere Reize aktiviert werden. Durch das Aufzeigen potenzieller Gefahren unerwünschten Verhaltens stellen Furchtappelle einen solchen äußeren Reiz dar. Durch die dadurch ausgelösten emotionalen Spannungen sollen Menschen letztlich dazu motiviert werden, erwünschte Überzeugungen oder Handlungsempfehlungen anzunehmen, mit deren Hilfe sich diese empfundenen Spannungen anschließend auflösen lassen. So werden bspw. Rauchern auf Zigarettenschachteln die potenziell fatalen Folgen ihres Handelns präsentiert, wodurch diese eine emotionale Spannung empfinden sollen, die sich wiederum durch »richtiges Handeln« – also das Einstellen des Rauchens – auflösen lässt (vgl. Gelbrich/Schröder, 2008). Furchtappelle sind also »[...] *persuasive Botschaften, die Einstellungen und Verhalten zu beeinflussen versuchen, indem sie – durch Androhung negativer Konsequenzen – die Emotion Furcht hervorrufen und dann eine Handlungsempfehlung zur Abwendung der Bedrohung aussprechen*« (Gelbrich/Schröder, 2008, S. 2).

Wie einige von Ihnen jedoch vielleicht schon selbst festgestellt haben, führen diese Furchtappelle nicht immer zu den Einstellungs- oder Verhaltensänderungen, die die Sender sich von ihnen erhoffen. Es stellt sich somit die Frage, unter welchen Bedingungen sich Einstellung und Verhalten mit Hilfe furchterregender Ansprachen verändern lassen. Genau mit dieser Frage beschäftigt sich das Furchtappell-Experiment von Janis und Feshbach (1953).

Irving Janis (1918–1990) war ein US-amerikanischer Sozialpsychologe, der nach seinem Kriegsdienst ab 1947 an der Yale Universität arbeitete. Er erlangte durch seine Erkenntnisse und Abhandlungen zum Gruppendenken größte Bekanntheit (s. Kapitel 4). Bereits in den 50er Jahren – einer dynamischen und angstgeprägten Phase des atomaren Wettrüstens – führte er mit seinem Kollegen Feshbach ein Experiment zur Wirkung von Furchtappellen mit folgendem Aufbau durch (vgl. Janis/Feshbach, 1953):

200 Neuntklässler einer Schule in Connecticut wurden in vier gleichgroße Gruppen unterteilt, die hinsichtlich Alter, Geschlecht, Bildungsniveau und Intelligenz nahezu identisch waren. Als Teil eines Schulhygieneprogramms wurde allen vier Gruppen eine aufgezeichnete 15-minütige Präsentation gezeigt. Drei Gruppen sahen eine Vorlesung zur Mundhygiene (*Versuchsgruppen*), während die vierte Gruppe mit einem komplett anderen Thema – nämlich der Struktur und Funktion des menschlichen Auges – konfrontiert wurde (*Kontrollgruppe*). Wenngleich die Versuchsgruppen grundsätzlich dieselben Informationen und Empfehlungen erhielten, unterschied sich die Art und Weise, wie diese übermittelt wurden.

Die Stärke des Furchtapells, mit denen die Versuchsgruppen konfrontiert wurden, variierte deutlich hinsichtlich Frequenz, Intensität und Stil der Ansprache (**Gruppe 1 – stark, Gruppe 2 – moderat, Gruppe 3 – schwach**). Gruppe 3 wurde vor allem mit Informationen zum Wachstum und zur Funktionsweise der Zähne versorgt. Die 18 furchterregenden Inhalte beschränkten sich größtenteils auf Löcher und faule Zähne. Die Art der Kommunikation erfolgte überwiegend sachlich und unpersönlich. Im Gegensatz dazu wurden die Schüler der Gruppe 1 mit über 70 furchterregenden Inhalten konfrontiert. Diese umfassten nicht nur Löcher und faule Zähne, sondern auch Zahnschmerzen, schmerzhafte Behandlungen (wie das Ziehen von Zähnen) sowie Hinweise zu Infektionen des Mundbereiches und weitreichenden Folgen dieser Infektionen (wie Lähmung, Organschäden oder Blindheit). Die Art der Kommunikation war bei dieser Gruppe deutlich persönlicher, indem die Schüler während des Vortrags immer wieder direkt adressiert wurden. Gruppe 2 ordnete sich mit 49 furchterregenden Inhalten im oberen Mittelfeld ein, wobei sich auf die milderen Folgen schlechter Mundhygiene beschränkt wurde. Wie bei Gruppe 3 erfolgte die Kommunikation auch hier größtenteils sachlich und unpersönlich.

Die verbalen **Furchtappelle** wurden darüber hinaus **grafisch untermalt**. Gruppe 1 bekam elf hoch-realistische Fotos zu sehen, die Karies und Mundinfektionen sowie ihre Folgen anschaulich darstellten. Gruppe 2 wurde mit neun Fotos milderer Beispiele konfrontiert. Gruppe 3 wurden keine realistischen Fotos negativer Zahnhygiene gezeigt. Grafische Ausführungen beschränkten sich hier auf Röntgenbilder, Diagramme oder Fotos komplett gesunder Zähne.

Die Befragung der Schüler zur Mund-/Zahnhygiene erfolgte an drei unterschiedlichen Zeitpunkten. Im Rahmen einer allgemeinen Gesundheitsabfrage bekamen die Schüler *eine Woche vor dem Experiment* einen Fragebogen, der, neben anderen Fragen zu Gesundheit und Hygiene, auch Fragen zur Zahnhygiene beinhaltete. Den zweiten Fragebogen erhielten die Schüler *direkt im Anschluss an die illustrierten Vorlesungen*. Dabei wurden sie gebeten, u. a. Rückmeldung zu den transportierten Informationen, ihren Einstellungen gegenüber dem Kommunikationsstil sowie ihren emotionalen Reaktionen zu geben. *Eine Woche nach dem Experiment* erhielten die Schüler das dritte Mal einen Fragebogen, um Übertragungseffekte zu ermitteln. Die Ergebnisse werden im folgenden Kapitel dargestellt; dabei beschränken wir uns auf den Vergleich der Gruppen am jeweiligen Ende des Spektrums (Gruppen 1 & 3).

II. Ergebnisse

Janis und Feshbach (1953) untersuchten, inwiefern sich die verschiedenen Furchtappelle in den jeweiligen Gruppen auf die folgenden fünf Faktoren auswirkte:

- Affektive Reaktionen,
- Informationsaufnahme,
- Einstellung gegenüber der Kommunikation,
- Konformität mit den Handlungsempfehlungen sowie
- Resistenz gegenüber »Counterpropaganda«.

1) Affektive Reaktionen: Direkt im Anschluss an die Vorträge wurden die Schüler befragt, inwiefern die Vorträge bei ihnen *negative »Gefühle«* verursacht hatten, wobei sich gerade zwischen Gruppe 1 und Gruppe 3 ein signifikanter Unterschied zeigte. Die starken Furchtappelle sorgten dafür, dass ein deutlich höherer Anteil der Schüler über den Zustand der eigenen Zähne und des eigenen Mundes nachdachte und sich darum Sorgen machte. Beim Vergleich der ersten beiden Messzeitpunkte –

eine Woche vor der Präsentation sowie direkt im Anschluss – kam es, verglichen zur Kontrollgruppe, bei allen drei Treatment-Gruppen zu einem deutlichen Anstieg affektiver Verstörung. Gruppe 1 verzeichnete mit +42 Prozentpunkten (%P) den stärksten Anstieg, gefolgt von den Gruppen 2 (+26 %P) und 3 (+24 %P).

2) Informationsaufnahme: Ein Test zum Faktenmaterial (wie bspw. Zahnanatomie, Ursachen für Löcher und Zahnfleischerkrankungen, richtiges Putzverhalten und empfohlene Zahnbürste), der direkt im Anschluss an die Präsentationen verteilt wurde, zeigte, dass, im Vergleich zur Kontrollgruppe, alle drei Treatment-Gruppen gleich wirksam waren.

3) Einstellung gegenüber der Kommunikation: Um die Auswirkungen der verschiedenen Präsentationen diesbezüglich zu untersuchen, wurden Schüler zum einen gefragt, wie einfach es war, den Folien und dem Vortragenden zu folgen bzw. aufmerksam zu bleiben. Zum anderen wurde untersucht, inwiefern sich die jeweiligen Gruppen über die Präsentation »beschwerten«. In beiden Fällen zeigten die Antworten der Gruppe 1 die höchsten Ausprägungen. Bei den Beschwerden wurde, neben einer allgemeinen Abfrage zum Missfallen der Illustrationen, untersucht, inwiefern die Darstellungen auf den Folien als unangenehm (»schrecklich«, »blutig« etc.) empfunden wurden und aus Sicht der Befragten unzureichend Material zur Prävention präsentiert wurde. Bezüglich des zweiten Teils waren insbesondere die Freitextmöglichkeiten aufschlussreich, in denen sich Schüler darüber beschwerten, dass ihnen die gruseligen Bilder (zum Beispiel zu verrotteten Zähnen) nicht hätten gezeigt werden dürfen, ohne mehr Informationen bereitzustellen, wie sie verhindert werden können.

4) Verbale Konformität mit der Handlungsempfehlung: Zur Analyse von etwaigen Einstellungs- und Verhaltensänderungen wurden die vier Gruppen eine Woche vor und nochmals eine Woche nach der Kommunikation befragt. Während zum ersten Messzeitpunkt keine signifikanten Unterschiede bestanden, da alle grundsätzlich dieselben Fehler bei der Zahnhygiene machten, zeigten sich zum zweiten Messpunkt deutliche Unterschiede mit Blick auf das (selbstgeäußerte) Putzverhalten (z. B. gereinigte Fläche, ausgeübter Druck, Dauer des Putzens). Die höchste Konformität hinsichtlich des empfohlenen Putzverhaltens zeigte sich hier bei der Gruppe 3 – der Gruppe mit den schwächsten Furchtappellen. Gruppe 1 zeigte, ohne signifikante Unterschiede zur Kontrollgruppe, die geringsten Veränderungen auf. Neben dem Putzverhalten wurden die Schüler gebeten, den Zeitpunkt ihres letzten Zahnarztbesuches mitzuteilen. Während 18 % der dritten Gruppe in der Woche nach den Präsentationen einen Zahnarzt aufsuchten, waren es bei Gruppe 1 lediglich 10 % (vgl. zu 4 % in der Kontrollgruppe).

5) **Resistenz gegenüber »Counterpropaganda«:** Neben den unter (4) angeführten Handlungsempfehlung wurden Schüler auch zu ihrer Überzeugung und Akzeptanz bzgl. eines bestimmten Zahnbürstentyps befragt, der im Rahmen des Experiments von Zahnärzten/-experten empfohlen wurde. In allen Experimentalgruppen kam es laut Selbstbericht zu einer stärkeren Akzeptanz (in Form eines Wechsels der Zahnbürste) der in den Präsentationen empfohlenen Charakteristika. Signifikante Unterschiede unter den Treatment-Gruppen bestanden nicht. Die Kontrollgruppe hingegen zeigte kein Wechselverhalten.

Eine Woche später wurden die Schüler wieder nach der Bedeutung des o. g. Zahnbürstentyps gefragt. Vor der Abfrage erhielten sie dieses Mal jedoch Infomaterial, das die Relevanz der o. g. Empfehlung zum Zahnbürstentyp in Frage stellte. Die Kontrollgruppe ließ sich signifikant in Richtung dieser »Counterpropaganda«, wie es im ursprünglichen Artikel der Autoren genannt wird, leiten. D. h., sie missachteten auf Basis des neuen Infomaterials die ursprünglichen Empfehlungen schneller. Und auch wenn sich alle drei Experimentalgruppen durch das neue Infomaterial beeinflussen ließen, zeigte Gruppe 3 (schwach) die höchste Resistenz; sprich, sie zeigten die höchste Konformität zu den ursprünglichen Empfehlungen. Abbildung 8.1 fasst die Ergebnisse noch einmal stichpunktartig zusammen.

Untersuchter Faktor	Ergebnis
Affektive Reaktionen	Höchste emotionale Spannung (Besorgnis) bei hoher Intensität (linearer Zusammenhang) [Gruppe 1]
Informationsaufnahme	Informationsübermittlung bei allen Formen gleich effektiv [Gruppe 1–3]
Einstellung gegenüber der Kommunikation	Höchste Aufmerksamkeit, aber auch stärkste Kritik und höchster Bedarf nach Beruhigung, bei hoher Intensität [Gruppe 1]
Konformität mit Handlungsempfehlung	Höchste Konformität bei geringer Intensität (umgekehrt linearer Zusammenhang) [Gruppe 3]
Resistenz ggü. Counterpropaganda	Höchste Resistenz bei geringer Intensität (umgekehrt linearer Zusammenhang) [Gruppe 3]

Abb. 8.1 Zusammenfassung der Ergebnisse (eigene Darstellung)

III. Was können wir aus diesem Experiment lernen?

Insgesamt zeigt sich, dass eine geringe Furchtappellintensität im Rahmen des Experiments die effektivste Form der Kommunikation darstellte.

Zwar waren **starke Furchtappelle** das effektivste Mittel, um die Aufmerksamkeit und emotionale Spannung zu erhöhen. Und auch hinsichtlich der reinen Informationsübermittlung waren sie genau so effektiv wie die anderen beiden Formen. Jedoch hinterließen die extremen Ausführungen und Darstellungen bei den Schülern letztlich negative Eindrücke und auch Emotionen. Die Freitextkommentare zeigen, dass die Schüler anschließend einen erhöhten Bedarf an beruhigenden Lösungshinweisen hatten, selbst wenn die vorherige Kommunikation bereits eine große Zahl solcher Empfehlungen beinhaltete. Dieses Gefühl bzw. dieser Bedarf hielt auch einige Zeit nach Ende der Präsentationen an. Letztlich folgte die Gruppe der starken Furchtappelle den Handlungsempfehlungen weniger und war darüber hinaus anfälliger gegenüber alternativen Informationen (vgl. Janis/Feshbach, 1953).

Bei **schwachen Furchtappellen** fiel die Einstellung gegenüber der Kommunikation sowie ihrer Inhalte hingegen positiv aus und resultierte letztlich auch in einer positiven Einstellungs- und Verhaltensänderung, die sich auch im Angesicht alternativer Informationen als am wenigsten instabil zeigte. Starke Furchtappelle hingegen zeigten im ursprünglichen Experiment keine einzigartigen positiven Effekte, welche die beobachtbaren negativen Effekte überkompensieren. Entgegen der intuitiven Annahme führte stärkere Furchtinduktion im ursprünglichen Experiment nicht automatisch zu mehr Einstellungs- und Verhaltensänderung. Im Gegenteil, in mancherlei Hinsicht zeigte sich die Nutzung starker Furchtappelle sogar deutlich weniger wirksam als die abgeschwächten Versionen. Als mögliche Erklärung nennen die Autoren, dass es als Folge nichtreduzierbarer emotionaler Spannungen am Ende zu einer Vermeidung einer Auseinandersetzung mit der Thematik kommt (sog. *subsequent defensive avoidance*). Indizien für die unauflösbare emotionale Spannung waren Anzeichen verbalisierter Aggression, negative Gefühle nach Beendigung der Präsentationen sowie ein anhaltendes Bedürfnis nach *Reassurance* – also eine Art Hilferuf nach beruhigenden Informationen, wie die emotionale Spannung aufgelöst werden könnte (vgl. Janis/Feshbach, 1953).

Die Autoren stellten darauf aufbauend folgende Hypothese auf: »Wenn Massenkommunikation darauf abzielt, ein Publikum zu beeinflussen, bestimmte Mittel und Wege zur Abwendung einer Bedrohung zu ergreifen, erhöht die Verwendung eines starken Furchtappells im Gegensatz zu einem milderen Appell die Wahrscheinlichkeit, dass das Publikum in einem Zustand emotionaler Anspannung verbleibt, der durch das Wiederholen der in der Mitteilung enthaltenen beruhigenden Empfehlungen nicht vollständig abgebaut wird« (Janis/Feshbach, 1953, S. 89).

Demzufolge sind Furchtappelle also ein effektives Mittel, um die Aufmerksamkeit und Informationsaufnahme zu steigern; jedoch sind sie mit Bedacht einzusetzen, da die Wirkungsmechanismen auf menschliches Verhalten sehr komplex sind. Mit einem starken Furchtappell wird eine stärkere Furchtreaktion ausgelöst und die Wahrscheinlichkeit erhöht, dass diese auch bestehen bleibt. Ab einem bestimmten Grad scheint sie uns aber zu lähmen: Wir tendieren dann eher zur Flucht als zum Kampf. Die allermeisten Menschen versuchen dann nicht mehr die *Gefahr* als Ursache der Furcht, sondern die *Furcht* selbst zu kontrollieren. Mit Blick auf das ursprüngliche Experiment scheinen geringe Furchtappelle daher am effektivsten für die Einstellungs- und Verhaltensbeeinflussung zu sein.

IV. Bedeutung und Kritik

Schon die Autoren des Originalbeitrags erkannten, dass die Erkenntnisse ihrer Studie, aufgrund des Settings (eingesetzte Medien, Thema, furchterregender Stimulus, Zuhörerschaft etc.), nicht automatisch verallgemeinerbar sind. Wie bereits im vorherigen Kapitel angedeutet, ist zunächst zu hinterfragen, inwieweit durch das Experiment gewonnene Erkenntnisse auf andere Situationen übertragbar sind. Die Schüler wurden im Rahmen eines offiziellen Hygieneprogramms befragt und verfolgten die Vorträge in einem Setting, in dem sie z. B. durch soziale Normen daran gehindert wurden, den Raum zu verlassen. Aufmerksamkeit, Lernverhalten und Entscheidungen dürften bspw. beim Radiohören in den eigenen vier Wänden zu anderen Ergebnissen – wie zum Beispiel dem Ab- oder Umschalten – führen. Es liegt nahe, dass die Erkenntnisse sich vor allem auf solche Sachverhalte übertragen lassen, in denen soziale Normen oder situative Einschränkungen die Zuhörer davon abhalten, ihre Aufmerksamkeit anderen Dingen zuzuwenden (vgl. Janis/Feshbach, 1953).

Aufgrund dieser und anderer Einschränkungen forderten die Autoren ausdrücklich zu Folgestudien auf. Die teils widersprüchlichen Ergebnisse der zahlreichen Replikationsstudien sind dabei insbesondere durch zugrundeliegende methodische und definitorische Uneinheitlichkeit begründet. Um die vorhandenen Widersprüchlichkeiten weiter zu erklären, wurden zahlreiche Modelle und Theorien entwickelt.[7]

Insgesamt werden die Kernbotschaften des ursprünglichen Experiments heute allerdings differenzierter betrachtet. So relativieren Meta-Studien der letzten Jahre und Jahrzehnte einige der Ergebnisse aus Janis & Feshbachs Forschung. Eher belegen diese Studien einen *linearen Zusammenhang* zwischen der Stärke von Furchtappellen und ihrer Effektivität, Einstellungen, Absichten oder Verhalten zu beeinflussen, ohne dabei signifikante Hinweise zu Rückschlägen starker Furchtappelle zu finden (vgl. z. B. Witte/Allen, 2000; Tannenbaum et al., 2015; Bigsby/Albarracín, 2022).

Hierzu ist allerdings eine differenzierte Betrachtung der (1) **Intensität des Furchtappells** sowie der (2) **Art der Handlungsempfehlung** erforderlich (vgl. Tannenbaum et al., 2015). Intensive Furchtappelle haben sowohl hinsichtlich der Folgen als auch der Wahrscheinlichkeit der potenziell resultierenden Gefahr eine hohe Ausprägung und wirken überzeugender. Die Art der Handlungsempfehlung entscheidet schließlich, ob es zur Konformität mit Einstellungs- und Handlungsempfehlung und *Gefahrenkontrolle* kommt oder lediglich zur *Furchtkontrolle* (vgl. Witte/Allen, 2000).

Dabei ist zwischen der Wirksamkeit der Handlungsempfehlung und der Selbstwirksamkeit zu unterscheiden; also ob die Handlungsempfehlung grundsätzlich als wirkungsvoll erachtet wird, um die Gefahr abzuwenden (sog. *response-efficacy*) und inwiefern der Rezipient der Ansicht ist, dass er diese Handlungsempfehlung auch effektiv umsetzen kann (sog. *self-efficacy*) (vgl. Tannenbaum et al., 2015). Starke Furchtappelle sind also ein wirksamer und konstruktiver Motivator, wenn sie von Einstellungs- und Handlungsempfehlungen begleitet werden, die den Rezipienten überzeugen, dass dadurch die Gefahr abgewendet werden kann und der Rezipient selbst die Fähigkeit besitzt, diese Handlungen auszuführen (sog. *high-efficacy messages*) (vgl. Witte/Allen, 2000; Tannenbaum et al., 2015).

Eine Studie aus dem Jahr 2022 unterstreicht die Relevanz wirkungsvoller Botschaften und differenziert weiter, dass insbesondere die empfundene Wirksamkeit der Handlungsempfehlung (sog. *response-efficacy*) einen moderierenden Effekt auf die Beziehung zwischen Furchtappell und Verhaltensänderung aufweist (vgl. Bigsby/Albarracín, 2022). Überdies zeigt die jüngere Forschung, dass Furchtappelle effektiver sind, wenn sie einmalig statt wiederholt eingesetzt werden und wenn die Zielgruppe einen größeren Frauenanteil besitzt (vgl. Tannenbaum et al., 2015).

Dennoch müssen auch diese Studien unter Berücksichtigung ihrer Limitationen interpretiert werden. Wir wollen hier kurz ins Detail gehen. Die Furchtappellforschung differenziert zwischen der starken und schwachen Furchtappellhypothese (vgl. Tannenbaum et al., 2015). Erstere geht davon aus, dass Furchtappelle in Ermangelung wirkungsvoller Handlungsempfehlungen negative Auswirkungen haben. Dies kann bis hin zu einem sog. Boomerang-Effekt führen. Dabei hat eine Person dann nicht das Gefühl, die Gefahr wirklich bewältigen zu können – Gefühle der Hilflosigkeit und des Kontrollverlustes verstärken dann ihr nicht-adaptives Verhalten. Es tritt also der genau entgegengesetzte Effekt ein (z. B. greift der Raucher als Folge der emotionalen Spannung und Hilflosigkeit zur Zigarette, um den Stress zu bewältigen). Die *schwache Furchtappellhypothese* geht hingegen davon aus, dass es in solchen Fällen lediglich zu weniger positiven oder überhaupt keinen Effekten durch den Furchtappell kommt (vgl. Tannenbaum et al., 2015).

Auch bei den Folgestudien ist logischerweise zu hinterfragen, ob die beobachteten Effekte sich auch außerhalb laboratorischer Settings bestätigen lassen (vgl. Bigsby/Albarracín, 2022). Zum Teil betrachten sie zu großen Teilen nur die Intensität des Furchtappells als unabhängige Variable (was klar von der subjektiven Wahrnehmung oder gar von der emotionalen Reaktion »Furcht« abzugrenzen ist). Das bedeutet: Es kann auf Basis dieser Erkenntnisse keine Aussage darüber getroffen werden, inwieweit die eingesetzten Furchtappelle tatsächlich zu Furcht führen und wie diese Furcht letztlich das Verhalten beeinflusst. Mit anderen Worten: Es geht lediglich um die Wirkung des dargestellten Levels an Furcht im Rahmen der Nachricht, *nicht um den direkten Effekt der Furcht an sich* oder andere indirekte Effekte, wie Ekel oder Frust (vgl. Tannenbaum et al., 2015). Leider mangelt es zwischen den Einzelstudien auch an einer Standardisierung der Furchtappellintensität, so dass der »starke Furchtappell« der einen Studie möglicherweise dem »schwachen Furchtappell« einer anderen Studie gleicht.

V. Transfer: Was bedeutet das Furchtappell-Experiment für den organisationalen Wandel?

Furchtappelle sind ein effektives Mittel, wenn man Menschen in ihren Einstellungen und ihrem Verhalten beeinflussen möchte. Dies gilt insbesondere dann, wenn sie ein großes Ausmaß der Gefahr und/oder eine hohe Eintrittswahrscheinlichkeit beinhalten. Hilfreich wäre es auch, wenn die damit einhergehenden Handlungsempfehlungen von den entsprechenden Personen als durch eigene Kraft umsetzbar wahrgenommen würden. Bedeutet das aber nun, dass Sie im Umgang mit Ihren Mitmenschen möglichst viel Furcht erzeugen sollten, um diese dazu zu bringen, Ihre Ansichten und Empfehlungen anzunehmen? Wohl kaum. Unbenommen der empirischen Ergebnisse sind wir subjektiv der Ansicht, dass der Einsatz von Furcht ausschließlich auf kritische Fälle begrenzt werden sollte. Und auch dann lediglich, um z. B. die Organisation oder das eigene Arbeitsteam als Ganzes zu stabilisieren oder weiterzuentwickeln.

Inwiefern können die beschriebenen Erkenntnisse nun in die Praxis transferiert werden? Wir konzentrieren uns nun auf den geplanten organisationalen Wandel und das Konzept der angstfreien Organisation.

1. Geplanter organisationaler Wandel

Im Rahmen des Kapitels zum Endowment-Effekt (s. Kapitel 7) wurde bereits dargestellt, dass Wandlungsprozesse idealtypisch in die drei Phasen »Auftauen«, »Verändern« und »Einfrieren« bzw. noch exakter in acht Schritte unterteilt werden können (vgl. Abb. 7.2). Wir haben dort angeführt, dass der erste Schritt – *ein Gefühl der Dringlichkeit erzeugen* – unverzichtbarer Bestandteil jedes konstruktiven Wandlungsprozesses ist.

Im Rahmen des »Auftauens« gilt es, die Betroffenen darauf aufmerksam zu machen, dass sie sich vom Status quo lösen müssen (sofern das Geozentrum des Wandels nicht bereits im Zentrum der Belegschaft liegt). Die oftmals bestehende Selbstgefälligkeit muss durch ein Gefühl der Dringlichkeit für den Wandel ersetzt werden (vgl. Kotter, 2011). Um dem Nachdruck zu verleihen, kann es helfen, bewusst emotionale Spannungen zu erzeugen (»to break open the shell of complacency and self-righteousness it is sometimes necessary to bring about deliberately an emotional stir up« (Lewin, 1947, S. 35)). Denn wenn nicht ein ausreichend großer Teil der Belegschaft den inneren Drang zum Wandel verspürt, es sozusagen an Schwungmasse fehlt, wird die Veränderungsdynamik am Ende nicht ausreichen, um den Wandel wirklich konsequent zu vollziehen (vgl. Kotter, 2011).

Genau an diesem Punkt können Furchtappelle ansetzen. Wie auch Lewin postuliert Kotter, dass das Erzeugen eines starken Gefühls der Dringlichkeit zum Wandel (sog. *Sense of Urgency*) bisweilen kühne oder gar riskante Handlungen erfordern kann. Dies kann beispielsweise bedeuten, einen vorhandenen großen Verlust auch tatsächlich in voller Schärfe auszuweisen oder begangene bewusst Fehler eskalieren zu lassen, anstatt diese noch in letzter Minute zu korrigieren. Auch sollte gegenüber Geschäftspartnern oder Mitarbeitern in aller Deutlichkeit kommuniziert werden, dass es zu starken Einschränkungen oder sogar Teil-Verkäufen bzw. Freistellungen kommen könnte, wenn vereinbarte Ziele nicht erreicht werden (vgl. Kotter, 2011).

Forschungserkenntnisse haben jedoch auch gezeigt, dass neben dem Erzeugen von Aufmerksamkeit und emotionaler Spannung noch ein weiterer Faktor – nämlich die *konkrete Handlungsempfehlung* – eine entscheidende Rolle spielt. Hinsichtlich der Wirksamkeit der Handlungsempfehlung lassen sich im Acht-Stufen-Modell von Kotter die Schritte 3 & 4 (Vision & Strategie entwickeln und kommunizieren) anführen. Nachfolgend wird **Schritt 5** (»Mitarbeiter auf breiter Basis befähigen«) ins Zentrum unserer Ausführungen gestellt.

Die Entwicklung einer Vision und Strategie (Schritt 3) gehört letztlich zu den wesentlichen Aufgaben des Wandlungsmanagements. In Anlehnung an die Furchtappellforschung müssen die Mitarbeiter überzeugt werden, dass es einen effektiven Weg aus der Krise gibt. Dazu muss ein potenzieller Zukunftszustand aufgezeigt werden, der gleichermaßen wünschenswert wie realistisch erreichbar ist. Außerdem muss er eine klare Leitfunktion für Entscheidungen und Handlungen besitzen und die notwendige Flexibilität aufweisen, sollte es zu ungeplanten Einflüssen kommen. Anschließend spielt die Kommunikation eine entscheidende Rolle (Schritt 4). Um die Vision und Strategie effektiv an die breite Belegschaft tragen zu können, sollte darauf geachtet werden, dass diese leicht zu verstehen ist. Hier können Metaphern und Analogien helfen, schnell ein prägnantes Bild zu vermitteln (vgl. Kotter, 2011).

Neben der Effektivität der Handlungsempfehlung haben Forschungserkenntnisse auch die **Bedeutung der Selbstwirksamkeit** von Betroffenen herausgestellt; also das Gefühl, dass sich diese Handlungsempfehlungen durch die jeweils angesprochenen Mitarbeiter selbst effektiv umsetzen lassen. Die Realität ist oft eine andere: Nicht selten werden Mitarbeiter in Wandlungsprozessen durch die vorhandenen

Strukturen, unzureichende Informationssysteme oder auch entmutigende Vorgesetzte (bspw. als Folge einer persönlich abweichenden Agenda) ausgebremst. Um hier das Gefühl der Selbstwirksamkeit zu stärken, gilt es, diese strukturellen Barrieren aufzudecken und aus dem Weg zu räumen. Gegner oder »Saboteure« des Wandels müssen überzeugt (oder notfalls auch entlassen) werden, um die Gesamtunternehmung konsequent auf die neue Vision ausrichten zu können (vgl. auch Kotter, 2011). Nützliche Trainings und Weiterbildungsmöglichkeiten flankieren dieses Bemühen.

2. Die angstfreie Organisation

Tannenbaum et al. (2015) haben gezeigt, dass insbesondere *einmalige* Furchtappelle eine hohe Wirkung haben. Furchtappelle sollten also nicht zu häufig eingesetzt oder gar zur Gewohnheit werden. Denn wer das essentielle Bedürfnis des Menschen nach Sicherheit langfristig missachtet und unnötig Furcht manipulativ einsetzt, läuft Gefahr, enorme und nicht selten auch irreversible »Kosten« in Form von physischen oder psychischen Schäden zu verursachen. Die Arbeitsmotivation geht dann zurück und Austauschbeziehungen sowie gemeinsame Vorhaben werden mit einer Hypothek belastet, die nur schwer abzubezahlen sein wird (vgl. Doppler/Lauterburg, 2014). Im Extrem führt eine dauerhafte und rücksichtslose Angststrategie zu offenem Widerstand oder sogar zu einer **Paralyse des Gesamtsystems**. Langjährig aufgebaute Solidarität in der Belegschaft führt dann entweder zum geschlossenen Protest oder wird mit einem Mal zunichtegemacht (»rette sich wer kann«) (vgl. Doppler/Lauterburg, 2014 oder auch Bugdol/Nagody-Mrozowicz, 2021). Die Beschäftigten gehen dann in Defensivhaltung und versuchen vor allem, nicht aufzufallen und ja keine Fehler zu machen – bis die »Gefahr« vorüber ist. In der Regel nimmt dann auch die Wissensweitergabe innerhalb der Organisation Schaden, d. h. notwendiges Wissen oder wertvolle Praxis-Erfahrungen werden ggf. nicht mehr geteilt. Stattdessen versuchen einige Beteiligte durch geschützte Informationsvorteile Machtasymmetrien aufzubauen – wodurch man seinen relativen Wert für den Arbeitgeber zu erhöhen und sich bei einer etwaigen Entlassungswelle unverzichtbar zu machen versucht. Das kann im Extrem nichts weniger bedeuten, als das Ende der firmeninternen Kooperation.

Die Harvard-Professorin Amy Edmondson hat mit ihrem Konzept der **angstfreien Organisation** hier einen wichtigen Gegenakzent gesetzt. Grundvoraussetzung hierfür ist für sie ein Konzept, das sie psychologische Sicherheit nennt. Psychologische Sicherheit bezeichnet »[e]ine von den Mitgliedern eines Teams geteilte Überzeugung, dass das Team sicher ist, um zwischenmenschliche Risiken einzugehen [...]; es beschreibt ein Teamklima, das von zwischenmenschlichem Vertrauen und gegenseitigem Respekt geprägt ist und in dem sich die Menschen wohlfühlen, wenn sie sie selbst sind.« (Edmondson, 1999, S. 354). Wenn psychologische Sicherheit in Organisationen und Teams vorhanden ist, wirkt sich dies am Ende positiv auf das Lernverhalten von Teams und somit letztlich auch auf die Performance aus (vgl. Edmondson, 1996).

Ein von Google durchgeführtes Forschungsprojekt *(Projekt Aristoteles)* bestätigt die Bedeutung der psychologischen Sicherheit. Bei dem Versuch herauszufinden, welche Faktoren die Effektivität von Teams bestimmen, untersuchte man **180 hauseigene Arbeitsgruppen über einen längeren Zeitraum**. Bei der Analyse wurde deutlich, dass Gruppennormen und insbesondere die psychologische Sicherheit einen entscheidenden Unterschied machten, wenn es darum ging, weshalb Teams gut funktionierten (vgl. von der Oelsnitz, 2022).

Dennoch ist und bleibt ein vollkommen angstfreier Arbeitsplatz, wie ihn Amy Edmondson in ihrem Buch beschreibt, wahrscheinlich eine Wunschvorstellung – zumindest für die große Mehrzahl der Arbeitnehmer. Gleichwohl gibt es immer mehr Unternehmen, die sich gezielt um die Erhöhung der psychologischen Sicherheit ihrer Anvertrauten bemühen. Denn wenn die Mitglieder einer Organisation der Überzeugung sind, dass sie sich offenbaren und Fehler kommunizieren können, ohne bedroht, sanktioniert oder als inkompetent bloßgestellt zu werden, erlaubt dies den Mitarbeitern, Fehler ohne Scham abzustellen, notwendige Veränderungen anzustoßen und etwaige Kompetenzdefizite auszugleichen (vgl. Edmondson, 1999). Zugleich fällt es ihnen auch leichter, nach Hilfe und Feedback zu fragen (vgl. Edmondson et al. 2004).

Die Annahme, dass allein die psychologische Sicherheit ausreichen würde, um langfristig die Performance zu steigern, greift allerdings zu kurz. Denn es hat sich gezeigt, dass eine zu große psychologische Sicherheit auch negative Effekte mit sich bringen kann – z. B. besteht dann die Gefahr, dass Motivation und Performance der einzelnen Teammitglieder nachlassen (s. Kapitel 5). Man verbringt dann ggf. einen zu großen Anteil der Zeit mit zwangloser Unterhaltung oder verfällt in eine Komfortzone und schiebt Dinge auf (vgl. Deng et al., 2019; Higgins et al., 2022). Es ist daher wichtig, dass Mitarbeiter neben dem Gefühl der psychologischen Sicherheit auch ein Gefühl der Verantwortung für ihren Aufgabenbereich und die gemeinsame Sache empfinden.

Am Ende hat sich gezeigt, dass über einen längeren Zeitraum hinweg ein verhältnismäßig niedriges Gefühl der psychologischen Sicherheit in Verbindung mit einem starken Gefühl der Verantwortung die besten Ergebnisse erzielt (vgl. Higgins et al., 2022).

In Kürze:

- Starke Furchtappelle (heißt: großes Ausmaß der Gefahr und hohe Eintrittswahrscheinlichkeit) können helfen, Aufmerksamkeit zu wecken und ein Gefühl der Dringlichkeit zu erzeugen. Sie müssen allerdings sparsam eingesetzt werden.
- Furchtappelle sollten am besten in Verbindung mit konkreten Handlungsempfehlungen erfolgen. Von den Mitarbeitern sollten sie als wirksam und eigenständig umsetzbar angesehen werden. Andernfalls könnte es zur »motivationalen Lähmung« kommen.
- Psychologische Sicherheit erlaubt es den Mitarbeitern, aus Fehlern zu lernen und sich freimütig auszutauschen. Dies kann langfristig die Performance des Unternehmens verbessern.
- Für sich allein könnte zu viel psychologische Sicherheit allerdings dazu führen, dass Motivation und Performance einzelner Teammitglieder sinken. Deswegen ist von der Leitung darauf zu achten, dass die Mitarbeiter immer auch ein Gefühl der Verantwortung für ihre konkrete Aufgabe empfinden.

Epilog Episode 8

Als Folge von Frau Schäfers Furchtappellen und in Ermangelung konstruktiver Lösungsansätze entstand bei ihren Mitarbeitern mit der Zeit ein Gefühl von Unsicherheit und Hilflosigkeit, das sich bei einigen bis zur Frustration entwickelte. Was könnte sie aus dieser Situation lernen? Abgesehen von der Art der Ansprache, mangelte es im Rahmen des Furchtappells insbesondere an einer effektiven Handlungsempfehlung. Weder wussten die Mitarbeiter, wohin die Veränderung gehen sollte, noch wie diese zu erreichen wäre. Wichtig wäre gewesen, dass die »dienstlichen« Veränderungsziele letztlich auch bis hin zu den persönlichen Zielen der einzelnen Mitarbeiter transformiert werden bzw. dann auch für die Belegschaft attraktiv sind.

Frau Schäfer weiß jetzt: Durch kontinuierliche Kommunikation lässt sich die Erfolgsüberzeugung der Mitarbeiter in die Sache und in ihre eigenen Fähigkeiten etablieren. Die eigene Bedeutung für das große Ganze wird verinnerlicht. Nur so werden die Mitarbeiter dann auch bereit sein, sich mit eigenen Fehlern und Schwierigkeiten zu offenbaren. Im Idealfall wird so nicht nur das eigene Projekt, sondern das kollektive Lernen der gesamten Organisation unterstützt.

VI. Literatur zum Furchtappell-Experiment

Barth, J./Bengel, J. (1998): Prävention durch Angst? Stand der Furchtappellforschung. In: *Forschung und Praxis der Gesundheitsförderung. Bundeszentrale für Gesundheitliche Aufklärung*, Vol. 4.

Bigsby, E./Albarracín, D. (2022): Self-and response efficacy information in fear appeals: A meta-analysis. In: *Journal of Communication*, Vol. 72 (2), S. 241–263.

Bugdol, M./Nagody-Mrozowicz, K. (2022): Management, Organization and Fear: Causes, consequences and strategies, 1. Aufl., New York.

Deng, H./Leung, K./Lam, C. et al. (2019): Slacking off in comfort: a dual-pathway model for psychological safety climate. In: *Journal of Management*, Vol. 45 (3), S. 1114–1144.

Doppler, K./Lauterburg, C. (2014): Change Management: Den Unternehmenswandel gestalten, 13. Aufl., Frankfurt, New York.

Edmondson, A. (1996): Learning from Mistakes is Easier Said Than Done: Group and Organizational Influences on the Detection and Correction of Human Error. In: *The Journal of Applied Behavioral Science*, Vol. 32 (1), S. 5–28.

Edmondson, A. (1999): Psychological Safety and Learning Behavior in Work Teams. In: *Administrative Science Quarterly*, Vol. 44 (2), S. 350–383.

Edmondson, A./Kramer, R./Cook, K. (2004): Psychological safety, Trust, and Learning in Organizations: A group-level lens. In: Kramer, R./Cook, K. (Hg): Trust and distrust in organizations: Dilemmas and approaches, S. 239–272.

Gelbrich, K./Schröder, E.-M., (2008): Werbewirkung von Furchtappellen: Stand der Forschung. In: *Ilmenauer Schriften zur Betriebswirtschaftslehre*, Vol. 2/2008.

Higgins, M. et al. (2022): When is psychological safety helpful in organizations? A longitudinal study. In: *Academy of Management Discoveries*, Vol. 8 (1), S. 77–102.

Izard, C. (1999): Die Emotionen des Menschen: Eine Einführung in die Grundlagen der Emotionspsychologie, 4. Aufl., Stuttgart.

Janis, I./Feshbach, S. (1953): Effects of fear-arousing communications. In: *The Journal of Abnormal and Social Psychology*, Vol. 48 (1), S. 78–92.

Kotter, J. (2011): Leading Change – Wie Sie Ihr Unternehmen in acht Schritten erfolgreich verändern, München.

Lewin, K. (1947). Frontiers in group dynamics: Concept, method and reality in social science; social equilibria and social change. In: *Human relations*, Vol. 1 (1), S. 5–41.

Tannenbaum, M./Hepler, J./Zimmerman, R. et al. (2015): Appealing to fear: A meta-analysis of fear appeal effectiveness and theories. In: *Psychological bulletin*, Vol. *141* (6), S. 1178–1204.

von der Oelsnitz, D. (2022): Demut. Leise Führung für eine laute Zeit, München.

Wehner, C. (1996): Überzeugungsstrategien in der Werbung: Eine Längsschnittanalyse von Zeitschriftenanzeigen des 20. Jahrhunderts. Studien zur Kommunikationswissenschaft, Wiesbaden.

Witte, K./Allen, M. (2000): A meta-analysis of fear appeals: Implications for effective public health campaigns. In: *Health Education & Behavior*, Vol. 27 (5), S. 591–615.

Kapitel 9

Kann sich aktueller Verzicht später auszahlen?

Bitte warten! *(Walter Mischel)*

Episode 9

Herr Siebert ist Berufseinsteiger in einem jungen, aber ambitionierten Unternehmen. Dieses hat realisiert, dass fähige Mitarbeiter eine wertvolle Ressource darstellen und wirbt entsprechend um Zuwachs. Plötzlich treffen auftretende Lieferkettenschwierigkeiten das Unternehmen: Die Weiterführung geplanter Projekte steht auf der Kippe. Das Top-Management geht auf der Basis von Marktanalysen davon aus, dass die vorherrschenden Lieferkettenprobleme innerhalb eines halben Jahres behoben sein werden und beschließt daher ein neues Vergütungsmodell: Im ersten halben Jahr der Betriebszugehörigkeit wird lediglich ein Drittel des Jahresgehalts ausgezahlt. Für das zweite Halbjahr wird dieses Monatsgehalt dann aber verdoppelt. Insgesamt liegen Jahresgehalt und langfristige Gehaltsaussichten somit deutlich über denen der Konkurrenz. Die ersten sechs Monate könnten die Mitarbeiter allerdings schon woanders mehr verdienen.

Dann verbreitet sich das Gerücht, dass auch das prestigeträchtigste Projekt zu kippen droht. Die Mitarbeiter um Herrn Siebert beginnen »zu reden«; die Neuen seien gewiss die ersten, die freigestellt würden, heißt es im Flurfunk. Herr Siebert befürchtet daher, dass er von der Gehaltsverdopplung ab dem siebten Monat nicht mehr profitieren wird. Er beschließt, ein Alternativangebot anzunehmen und das Unternehmen zu verlassen.

I. Aufbau und Ablauf des Marshmallow-Experiments

Der Marshmallow-Test gehört wohl zu den bekanntesten Studien der Entwicklungspsychologie. Er beschäftigt sich mit dem sog. Belohnungsaufschub bei Kindern und untersucht, durch welche Prozesse dieser Aufschub gelenkt wird. Der Begriff *Belohnungsaufschub* bezeichnet die Bereitschaft, einer Verlockung oder einer unmittelbaren Belohnung zugunsten einer größeren Belohnung zu einem späteren Zeitpunkt zu widerstehen (vgl. Casey et al., 2011).

Der Marshmallow-Test ist letztlich Teil eines Projekts, das sich über einen jahrzehntewährenden Forschungszeitraum erstreckte. Den Grundstein legte der Psychologe **Walter Mischel** bereits 1958 im Rahmen seiner Forschungsarbeiten in Trinidad. Nachdem die dort lebenden Kinder auf seine Bitte verschiedene Fragebögen beantwortet hatten, bot er ihnen als Zeichen seiner Dankbarkeit an, entweder heute eine kleine oder lieber in der kommenden Woche eine größere Süßigkeit zu erhalten. Ihm fiel dabei schnell auf: Vor allem Kinder, die ohne Vater lebten, bevorzugten die schnelle Belohnung. Er schlussfolgerte, dass dies daran läge, dass die Kinder kein Vertrauen darin hatten, dass er zu ihnen zurückkehren würde.

Diese ersten Studienergebnisse zeigten Mischel bereits, dass Vertrauen eine Grundvoraussetzung für jedweden Belohnungsaufschub ist (vgl. Mischel, 1958; Jötten, 2015). Über die kommenden Jahrzehnte folgten anschließend zahlreiche Studien, die das Phänomen des Belohnungsaufschubs tiefer untersuchten. Zu den bekanntesten unter ihnen gehören die Experimente von 1970 und 1972 (vgl. Mischel/Ebbesen, 1970; Mischel et al., 1972). Wir konzentrieren uns hier auf die letztere, etwas umfangreichere Studie.

1972 besuchten Mischel und seine Kollegen dazu die *Bing Nursery School*, um den Belohnungsaufschub bei Kindern zu untersuchen. In drei Experimenten variierten sie die Faktoren

- Aussicht auf Belohnungen,
- Sichtbarkeit der Belohnungen sowie die
- Methoden der Ablenkung bei den Kindern

und beobachteten, wie sich bestimmte Ausprägungen auf deren Wartezeit auswirkten. Die Woche vor dem Experiment verbrachten die Versuchsleiter gemeinsame Zeit mit den Kindern, um gegenseitiges Vertrauen aufzubauen. Für die Durchführung der Experimente ging jeweils ein Kind mit einem Versuchsleiter in einen sog. Überraschungsraum. Zuvor wurde sowohl deren Einverständnis eingeholt als auch sichergestellt, dass die Kinder alleine in einem Raum warten konnten, ohne Stress oder Angst zu empfinden. Auf einem Tisch standen eine Glocke und eine undurchsichtige Kuchenform. An einer gegenüber liegenden Wand befand sich ein Einwegspiegel. Um das Kind zu entspannen, zeigte der Versuchsleiter dem Kind Spielzeug, das sich im Raum befand und versicherte, dass sie später gemeinsam damit spielen würden, bevor er es dann in einen Karton tat und so aus dem Blickfeld des Kindes brachte.

Im Anschluss daran erklärte er, dass er nun den Raum verlassen müsse, das Kind ihn aber jederzeit zurückholen könne, indem es einfach die Glocke läutete. Zu Testzwecken wurde dieses Prozedere wiederholt geübt, um sicherzustellen, dass die Kinder das Verfahren auch verstanden hatten. Anschließend hob der Versuchsleiter die Kuchenform und zeigte dem Kind die darunterliegenden Belohnungen: Eine Salzstange und ein Marshmallow. Das Kind wurde gebeten, die präferierte der beiden Belohnungen auszuwählen. Danach erklärte er dem Kind, dass er nun den Raum verlassen müsse. Wenn es solange auf seinem Stuhl warten würde, bis er von alleine zurückkehre, würde es die präferierte Belohnung erhalten. Sobald das Kind nicht mehr warten wolle, könne es ihn durch das Klingeln der Glocke aber jederzeit zurückholen – allerdings würde es dann lediglich die weniger präferierte Belohnung erhalten! Die Zeitmessung begann, sobald der Versuchsleiter die Tür hinter sich geschlossen hatte und endete, sobald er zurück in den Raum kam – dies entweder aufgrund des Signals oder nach Ablauf der zuvor festgelegten Zeit (15 Minuten; vgl. Mischel et al., 1972).

Im **ersten Experiment** wurden die Kinder in fünf Gruppen unterteilt

- Gruppe 1 erhielt zur Ablenkung während des Wartens ein Spielzeug
- Gruppe 2 wurde empfohlen, sich während der Wartezeit mental abzulenken, zum Beispiel durch Gedanken an lustige Spiele oder Lieder
- Gruppe 3 erhielt keinerlei Ablenkungshinweise
- Die Gruppen 4 und 5 wurden lediglich darüber informiert, dass der Versuchsleiter den Raum verlassen würde und sie ihn jederzeit zurückholen könnten. Ihnen wurde allerdings keine Belohnung in Aussicht gestellt, weshalb sie eine Ausnahme des oben beschriebenen Versuchsaufbaus darstellen.

Im zweiten und dritten Experiment wurde die mentale Ablenkung weiter differenziert. Konkret untersuchten die Forscher im **zweiten Experiment**, welche Wirkung verschiedenartige Gedanken auf die Wartezeit hatten, wenn die Belohnungen physisch präsent waren. Hierzu wurden die Kinder angewiesen, während des Wartens entweder a) an lustige und positive Dinge (singen, spielen etc.), b) an traurige/unglückliche Dinge (zum Beispiel auf den Boden fallen, weinen und Um-Hilfe-rufen, ohne, dass jemand kommt) oder c) an die Belohnung selbst zu denken.

Im **dritten Experiment** wurde untersucht, wie sich die Wartezeit veränderte, wenn die Belohnungen nicht physisch vorlagen und die Kinder entweder angewiesen wurden, an a) lustige und positive Dinge oder b) die Belohnung selbst zu denken bzw. c) gar keine Anweisungen erhielten.

II. Ergebnisse

Mit Blick auf das **erste Experiment** fiel zunächst auf, dass die durchschnittliche Wartezeit ohne Aussicht auf Belohnung mit unter einer halben Minute sehr gering war. Keinem der Kinder gelang es, die ganzen 15 Minuten zu warten. Auch fiel auf, dass bei Aussicht auf Belohnung, das Fehlen einer Ablenkung ebenfalls zu einer nur sehr geringen Wartezeit führte. Sobald die Kinder jedoch eine Ablenkung hatten, stieg die Geduld deutlich an. Bei mentaler Ablenkung durch positive Gedanken war die Geduld am höchsten. Hier schafften es immerhin sechs von zehn Kindern, die kompletten 15 Minuten zu warten. Im Fall einer Ablenkung durch Spielzeug waren es vier von zehn Kindern (vgl. Mischel et al., 1972).

Beim **zweiten Experiment** waren beide Belohnungen sichtbar und es wurde die Wirkung verschiedener mentaler Ablenkungen untersucht. Es zeigte sich, dass sich in der Tat nur positive Gedanken als effektive Ablenkung erwiesen. Traurige Gedanken hingegen führten zu deutlich reduzierteren Wartezeiten, genau wie Gedanken an die Belohnung selbst.

Im **dritten Experiment** zeigte sich, dass es bei physischer Abwesenheit der Belohnungen zu eher hohen Wartezeiten kam. Bei der Anweisung, an positive Dinge zu denken, betrug die Wartezeit durchschnittlich etwas über 14 Minuten. Ohne Anweisungen betrug die Wartezeit immerhin knapp 13 Minuten im Durchschnitt. Wenn die

Kinder allerdings angewiesen wurden, während des Wartens an die Belohnung zu denken, betrug die durchschnittliche Wartezeit trotz physischer Abwesenheit der Belohnungen weniger als eine Minute. Tatsächlich schaffte es in diesem Fall keines der Kinder, die kompletten 15 Minuten abzuwarten.

Die Kernbotschaften der drei Experimente von 1972 lassen sich wie folgt zusammenfassen:

- *Experiment 1*: Ablenkungen, sowohl durch das Spielzeug als auch durch positive Gedanken, erhöhten die Wartezeit für die präferierte Belohnung.
- *Experiment 2:* Nur positive Gedanken dienten als effektive mentale Ablenkung. Negative Gedanken verkürzten hingegen die Wartezeit.
- *Experiment 3*: Trotz physischer Abwesenheit führten allein schon die Gedanken an eine Belohnung zu verringerter Wartezeit.

III. Was können wir aus dem Experiment lernen?

Mischel & Kollegen begannen ihre Forschung mit der Annahme, dass die *Aufmerksamkeit* auf einen Gegenstand den Belohnungsaufschub durch Antizipation und Vorfreude erleichtern würde. Grund hierfür war die Idee, dass man durch Vorstellung des erwünschten Ergebnisses die Wartezeit leichter überbrücken könne. Da diese Annahme den tatsächlichen Forschungsergebnissen diametral gegenübersteht, erklärten die Autoren im Nachhinein, dass eine kognitive Auseinandersetzung mit den erwünschten Belohnungen wohl nicht Vorfreude, sondern vielmehr negative Spannung verursacht. Kommt es zu einer Nichtbelohnung, obwohl eine Belohnung eigentlich erwartet wurde, entsteht Frustration. In der Folge steigt die Abneigung, auf eine Belohnung zu warten (vgl. Mischel/Ebbesen, 1970).

Die Erfolgsaussichten, einer Versuchung zu widerstehen, scheinen gering, wenn ebenjene sichtbar ist und es keine Ablenkungsstrategie gibt (vgl. Mischel/Ebbesen, 1970; Shoda et al., 1990). Die Erfolgsaussichten steigen jedoch, sobald Belohnungen außer Sichtweite sind und **Ablenkungsmechanismen** den Fokus auf konkurrierende Reize richten. Die Aufmerksamkeit wird dann ausreichend von der Versuchung gelöst, frustrierende Gedanken unterdrückt und freiwillige Wartebereitschaft erhöht. Effektive Ablenkungsmechanismen können sowohl *physische Tätigkeiten* als auch *positive Gedanken* sein; negative Gedanken hingegen wirken zusätzlich belastend und führen am Ende zu einer reduzierten Geduld und Wartebereitschaft.

Aus den Experimenten lernen wir, dass man durch *Impulskontrolle* letztlich größere Erfolge erreichen kann. Dabei ist es einfacher für uns, etwas Schwieriges durchzustehen, wenn wir uns gleichzeitig mit Hilfe angenehmer Dinge ablenken oder es uns gelingt, uns durch konzentrierte Gedankenarbeit von dem Objekt der Begierde zu lösen. Auch können bestimmte Bedingungen – wie z. B. die Abwesenheit von Versuchungen –, es uns deutlich erleichtern, unsere Selbstkontrolle zu erhöhen, d. h. einen Belohnungsaufschub zu verlängern. Gelingt es dagegen nicht, uns von einer Versuchung abzulenken, wird es fast unmöglich, lange zu widerstehen. Außerdem zeigt uns der Marshmallow-Test, dass Vertrauen bzw. Zuversicht darin, die begehrten Belohnungen tatsächlich auch zu erreichen, unverzichtbar sind, um als Menschen unsere langfristigen Ziele über kurzfristige Belohnungen/Versuchungen zu stellen.

IV. Bedeutung und Kritik

Auf die Experimente aus den Jahren 1970 und 1972 folgten zahlreiche Anschlussstudien, welche die Erkenntnisse bestätigten, erweiterten oder relativierten. Nachfolgend wird speziell auf zugehörige Langzeitstudien sowie die Debatte um die Aussagekraft der Ergebnisse eingegangen.

1) Die Langzeitstudien

Ungefähr ein Jahrzehnt nach den ursprünglichen Experimenten untersuchte Mischel mit Kollegen die Zusammenhänge zwischen den Forschungsergebnissen der 70er-Jahre und der mittelfristigen Entwicklung der Kinder – und dies mit überraschenden und z. T. eindrucksvollen Ergebnissen. Bei den mittlerweile Jugendlichen zeigten sich *zahlreiche positive Zusammenhänge* zwischen ihrer Wartezeit bei den ursprünglichen Experimenten und ihrer späteren akademischen Leistung. Es gab aber auch noch andere Vorzüge, so bei der persönlichen Selbstkontrolle sowie auch bei der Fähigkeit, erfolgreich mit Frustration und Stress umzugehen. Dies zeigten sowohl die Einschätzungen der Eltern als auch die Ergebnisse verschiedener Tests, z. B. zur Persönlichkeitsbeschreibung oder auch der Hochschuleignung der Versuchspersonen (vgl. Mischel et al., 1988; Mischel et al., 1989; Shoda et al., 1990).

Selbst bei Analysen über 40 Jahre hinweg zeigen sich die positiven Effekte frühkindlicher Impulskontrolle. Die Fähigkeit des Belohnungsaufschubs hat eine langfristig-stabile Wirkung auf die persönliche emotionale Resilienz und bildet somit eine **Pufferzone für psychische** (wie Frustration oder Stressresistenz) und **physische Anfälligkeiten** (wie Übergewicht oder Konsum schädlicher Substanzen). Personen, die sich allerdings schon in der Kindheit schwergetan hatten, der Versuchung zu widerstehen, hatten auch im Erwachsenenalter Schwierigkeiten, Impulse zu unterdrücken. Insgesamt zeigt sich, dass Selbstkontrolle eine relativ *stabile Persönlichkeitseigenschaft* ist. Sie kann akademischen und finanziellen Erfolg, geringeren Drogenmissbrauch und bessere körperliche Gesundheit sowie weniger Straftaten im Erwachsenenalter (mit-)erklären (vgl. Mischel et al., 1989; Casey et al., 2011; Moffitt et al., 2011).

Spätere Studien verdeutlichen darüber hinaus, dass eine (mitunter quälende) Wartezeit maßgeblich dadurch beeinflusst werden kann, wie die unterschiedlichen Eigenschaften der Belohnung *mental* adressiert werden. Grund hierfür sind zwei kognitive Systeme, die beim Belohnungsaufschub beteiligt sind: das sog. kalte und das heiße System. Während das »kalte System« kognitiv und kalkulierend geprägt ist, ist das »heiße System« emotional, impulsiv, konditionierbar und auch zuständig für das Verlangen (vgl. Metcalfe/Mischel, 1999). Mit Hilfe von Gehirnscans wurde 2011 der neurobiologische Beweis hierfür nachgeliefert: Das »heiße System« übernimmt die Kontrolle, sobald wir Verlockungen ausgesetzt sind und spielt potenzielle negative Konsequenzen herunter (vgl. Casey et al., 2011; Mischel, 2015). Indem emotional erregende Eigenschaften in etwas Sachliches, Unerwünschtes oder Abstraktes transformiert werden (beispielsweise die Transformation eines Marshmallows in einen kleinen Watteball) können wir das »heiße System« abkühlen und so impulsives Verhalten effektiv unterdrücken (vgl. Mischel et al., 1989; Casey et al., 2011).

2) Die Debatte um die Aussagekraft der Studien

Mischel und Kollegen selbst verwiesen immer wieder darauf, dass man nicht allein auf Basis des Marshmallow-Tests auf die langfristige Entwicklung eines Kindes schließen könne (z. B. Shoda et al., 1990). In einem Interview brachte Mischel es wie folgt auf den Punkt: »*Die Vorstellung, man könne die Zukunft eines Menschen sicher vorhersagen, etwa durch die simple Tatsache, wie lange er sich eine Belohnung versagen kann, ist Unfug.*« (Jötten, 2015).

In jüngster Vergangenheit erlangte der Marshmallow-Test wieder besondere Aufmerksamkeit. 2018 untersuchten Forscher die Aussagekraft des Marshmallow-Experiments mit Hilfe einer größeren und diverseren Stichprobe. Ihre Ergebnisse stellen die ursprünglichen Erkenntnisse und somit auch die prognostische Kraft des Marshmallow-Experiments erheblich in Frage (vgl. Watts et al., 2018). Denn, beziehe man den familiären Hintergrund, die frühen kognitiven Fähigkeiten und das häusliche Umfeld in die Berechnungen mit ein, hätte die Selbstkontrolle kaum noch Einfluss auf den Erfolg im jungen Erwachsenenalter, so die Studie (vgl. Watts et al., 2018).

Nur kurze Zeit später gelang es jedoch einem deutschen Forscherteam, diese Kritik entscheidend zu relativieren. Es zeigte, dass die Studie aus dem Jahr 2018 fundamentale methodische Differenzen zu den Originalstudien aufweist und die Ergebnisse somit nicht direkt miteinander verglichen werden können. Letztendlich konnten sie zeigen, dass bei statistisch genauerer Analyse die neuen Daten die ursprünglichen Ergebnisse keineswegs negierten, sondern vielmehr einen abgeschwächten, jedoch immer noch relativ starken Zusammenhang aufzeigten (vgl. Falk et al., 2020 für eine detailliertere Ausführung).

Und noch etwas Optimistisches: Es hat sich gezeigt, dass Selbstkontrolle nicht bloß erfolgreicher, sondern auch *glücklicher* macht! Dies liegt nicht nur daran, dass Menschen die Momente, in denen sie ihren Vorsätzen treu bleiben und ihrem Ziel näherkommen, genießen – sondern auch daran, dass sie ihre unmittelbar erfahrene Selbstkontrolle auch mit Stolz erfüllt (vgl. Dohle/Hofmann, 2021).

V. Transfer – Was bedeutet das Marshmallow-Experiment für den organisationalen Wandel?

In einer Zeit, in der wir die Möglichkeit besitzen, eine Vielzahl an Dingen leicht auf Abruf zu erhalten, scheint die Relevanz von Selbstkontrolle größer denn je. Auch wenn sich das experimentelle Design des Marshmallow-Tests nicht unmittelbar in unseren Berufsalltag übertragen lässt, sind es vor allem die Erkenntnisse zur Impulskontrolle, die für den Unternehmenskontext von Bedeutung sind. Vermutlich sehen auch Sie sich in ihrem täglichen Leben zahlreichen Situationen ausgesetzt, die von Ihnen ein gewisses Maß an Selbstkontrolle erfordern. Denken Sie an die visuellen oder akustischen »Hinweise«, wenn Sie Mails empfangen. Einige der Verfasser nutzen die Dienste eines

Fitness-Studios. Erstaunlich, wie viele aktiv Trainierende sofort ihre Übungen abbrechen und mit rotem Kopf schnurstracks zum Handy eilen, sobald es zu brummen beginnt. Oder das Meeting, in dem Sie ihre Emotionen und ihren Unmut gerne mitteilen würden – sich aber am Ende dankbar daran erinnern, dass Sie es in diesem Moment doch nicht taten.

Abschließend wollen wir nun drei Praxisimplikationen der Marshmallow-Experimente aufzeigen. Zunächst wird auch hier der Bezug zu den *acht Schritten des organisationalen Wandels* hergestellt, bevor auf die spezifische Bedeutung von Vertrauen im Unternehmen eingegangen wird. Außerdem werden auch konkrete Implikationen für das Personalmanagement abgeleitet.

1. Geplanter organisationaler Wandel

Wie an anderer Stelle bereits gezeigt wurde (s. Kapitel 7) bewerten Menschen Verluste stärker als Gewinne in gleicher Höhe. Um Menschen dennoch zum Handeln zu bewegen, müssen wir ihnen also mehr bieten, als sie in ihrer Wahrnehmung verlieren. Die Erkenntnisse dieses Kapitels knüpfen hier nahtlos an. Denn die Marshmallow-Experimente haben gezeigt, dass der wahrgenommene Wert der Belohnung ausschlaggebend ist, für die Bereitschaft zu warten (vgl. Mischel et al., 1989) und dass ohne die Aussicht auf Belohnung, die Bereitschaft zurückzustecken minimal ist (vgl. Mischel et al., 1972). Mit Blick auf die acht Schritte nach Kotter (2011) (vgl. Abb. 7.2), lassen sich die Ergebnisse der Marshmallow-Experimente somit insbesondere auf die Relevanz der Vision und die Befähigung der Mitarbeiter übertragen (Schritte 3–5).

Wie erwähnt, ist in betrieblichen Wandlungsprozessen eine zündende und breit getragene Vision unverzichtbar. Vor dem Hintergrund der Marshmallow-Experimente sollte diese Vision für Mitarbeiter langfristige Ziele und Zielzustände beinhalten, durch welche der Wandel als Weg in eine bessere Zukunft erstrebenswert wird. Andernfalls gibt es für sie keinen Grund, kurzfristige individuelle Ziele zugunsten langfristiger organisationaler Ziele aufzugeben. Da die Experimente gezeigt haben, dass es für den Belohnungsaufschub sinnvoll ist, das »Jetzt« abzukühlen und das »Später« zu erhitzen (vgl. Mischel, 2015), kann es helfen, die Vorzüge der Vision wiederholt zu kommunizieren und sie durch Symbole, Metaphern oder Analogien emotional greifbar zu machen (vgl. Kotter, 2011). Darüber hinaus sollten die Mitarbeiter ihre persönliche Kompetenz bewusst wahrnehmen. Dies ist eine unverzichtbare Voraussetzung dafür, dass sie sich bei ihrer Arbeit verwirklichen können und in einen sog. »Flow«-Zustand kommen. Dieser zeichnet sich schließlich durch ein ideales Verhältnis von beruflicher Anforderung und eigener Befähigung aus (vgl. Csíkszentmihályi, 2010).

Mischels Experimente haben letztlich gezeigt, dass der Belohnungsaufschub eine hohe Disziplin erfordert und mühevoll sein kann. Außerdem besteht die Gefahr, negative Emotionen wie Frustration, Scham oder Schuld im Fall des »Einbrechens« zu erleben. Das kennt mancher selbst von seinen abgebrochenen Neujahrsvorsätzen. Der Fokus sollte also stattdessen auf langfristigen, proaktiven Strategien liegen; also dem vorausplanenden Handeln und Meiden von Situationen, die potenziell zu schlechten Entscheidungen führen. Durch die Habitualisierung und Institutionalisierung positiver Handlungen kann Selbstkontrolle quasi automatisiert sowie die Motivation aufrechterhalten werden (vgl. Mischel, 2015; Dohle/Hofmann, 2021). Regelmäßige Mitarbeitergespräche können z. B. helfen, Frustrations- und Fehlerquellen frühzeitig zu identifizieren und so sicherzustellen, dass Mitarbeiter sich mit den Unternehmenszielen weiterhin identifizieren können. Außerdem können auch hier mit Blick auf Entscheidungen institutionalisierte Prozesse helfen, Fehlentscheidungen aufgrund impulsiven Verhaltens einzelner zu reduzieren.

2. Die besondere Bedeutung von Vertrauen

Die Marshmallow-Experimente haben gezeigt, dass ein Belohnungsaufschub *ohne Vertrauen unwahrscheinlich bis unmöglich* ist. Dies unterstreicht vor allem die Ergebnisinterpretation von Mischels erster Studie (1958), bei der ein Teil der Kinder nicht bereit war, auf die Belohnungen zu warten, da sie schlichtweg kein Vertrauen in den (bis dahin unbekannten) Versuchsleiter hatten. Mitarbeiter und Teammitglieder müssen also darauf vertrauen können, dass die angepriesenen Vorzüge für sie auch wirklich eintreten werden.

Um organisationalen Wandel also effektiv zu managen, müssen Führungskräfte mit gutem Beispiel vorangehen und sich durch authentisches Auftreten das Vertrauen der Mitarbeiter erarbeiten (vgl. Kotter, 2011; Agote et al., 2016). Denn die Beziehung zwischen Mitarbeiter und unmittelbarer Führungskraft gilt als Achillesferse der Motivation (vgl. Sprenger, 1999). Durch transparente Kommunikation von Zielen, Ursachen und Konsequenzen des Wandels kann dieses Vertrauen gestärkt und Skepsis reduziert werden. Innerhalb der betrieblichen Kommunikation müssen auch scheinbare Unstimmigkeiten oder Widerstände schnellstmöglich proaktiv kommuniziert werden, anstatt zu warten, bis sich diese im Unternehmen mit Gerüchten verbreiten (vgl. Kotter, 2011). Denn sobald die Mitarbeiter das Gefühl bekommen, dass die ihnen in Aussicht gestellten Belohnungen nicht mehr erreichbar sind oder sie von ihrer Führungskraft gar getäuscht und unfair behandelt werden, wird das bestehende Vertrauensgeflecht zerstört (vgl. Agote et al., 2016).

3. Personalmanagement

Wie im Unterkapitel zur Bedeutung und Kritik beschrieben, unterstreichen zahlreiche Langzeitstudien die prognostische Kraft der Marshmallow-Experimente. Die Messung der Selbst- bzw. Impulskontrolle lässt sich im Rahmen des Personalmanagements nutzen, z. B. bei Vorstellungsgesprächen, Einstellungstests oder Probearbeiten. Dabei können Fragen (subtil) eingebettet werden, die Auskunft über die Selbstkontrolle der Bewerber geben. Die sog. *Brief Self-Control Scale* (BSCS) beinhaltet beispielsweise 13 Fragen, die wertvolle Hinweise auf die Impulskontrolle eines Menschen geben (vgl. Tangney et al., 2004). Auch das beobachtete Verhalten im Rahmen von Assessment-Centern oder Probearbeiten kann ergänzende Erkenntnisse über die Selbstkontrolle sowie Resistenz von potenziellen Mitarbeitern gegenüber Frustration und Stress liefern. Da ergänzende Studien auch darauf hinweisen, dass bestimmte Ablenkungsstrategien erlernt werden können (vgl. Mischel et al., 1989), bieten sich entsprechende Analysen vor allem auch für die Personalentwicklung an. Auf diese Weise kann ein Arbeitgeber die Selbstkontrolle seiner Mitarbeiter proaktiv analysieren und potenziell negativem Verhalten frühzeitig entgegensteuern.

In Kürze:

- Es ist eine Mentalitätsfrage: Indem man auf kurzfristige Belohnungen verzichtet, kann man langfristig oft größere Ziele erreichen.
- Kinder, die bereits in jungen Jahren ein hohes Maß an Selbstkontrolle aufwiesen, waren Jahrzehnte später in vielen Lebensbereichen erfolgreicher. Die prognostische Kraft des Marshmallow-Tests lässt sich auch für die Personalbeschaffung und -entwicklung nutzen.

- Der Belohnungsaufschub lässt sich durch gezielte Ablenkungen erleichtern (reaktiv). Darüber hinaus sollten Systeme geschaffen werden, durch welche negativ-verlockende Situationen gemieden und stattdessen positive Handlungen bestärkt werden (proaktiv).
- Persönliches Vertrauen ist unabdingbar, damit Personen bereit sind, kurzfristige Belohnungen zugunsten langfristiger Ziele aufzugeben. Achten Sie darauf, Ihre Versprechen zu halten und Unstimmigkeiten oder Planabweichungen rechtzeitig zu kommunizieren!

Epilog Episode 9

Wenn Mitarbeiter Situationen nicht einschätzen oder Widersprüche nicht auflösen können, entstehen Unsicherheit und Skepsis. Das Top-Management hätte in diesem Fall zunächst klar kommunizieren müssen, was die entscheidenden Gründe für das Splitten der Mitarbeitergehälter waren. Gerüchte einzufangen bzw. auf diese reagieren zu müssen und so in die Defensive zu geraten, sollte vom Top-Management vermieden werden. Stattdessen könnte durch eine bewusst proaktive Kommunikation die Kontrolle und die Dynamik des Wandels aufrechterhalten werden.
Im Szenario ist das Vertrauen der Mitarbeiter stattdessen wohl irreversibel verloren gegangen – sowohl das Vertrauen in den Rückhalt des Managements als auch dahingehend, dass ihr kurzfristiger Verzicht sich wirklich später in Form eines höheren Gehalts auszahlen wird. In einer offenen Fehler- und Kommunikationskultur könnten regelmäßige Feedbackgespräche helfen, Schmerzpunkte, Sorgen oder Einstellungsänderungen der Mitarbeiter frühzeitig zu identifizieren. Auch anonyme Beschwerdekanäle helfen dabei, dass Kritik und Unmut das Management frühzeitig erreichen und von diesem adressiert werden können, bevor die Mitarbeiter mit ihren Füßen abstimmen.

VI. Literatur zum Marshmallow-Experiment

Agote, L/Aramburu, N./Lines, R. (2016): Authentic leadership perception, trust in the leader, and followers' emotions in organizational change processes. In: *The Journal of Applied Behavioral Science*, Vol. 52 (1), S. 35–63.

Casey, B./Somerville, L./Gotlib, I., et al. (2011): Behavioral and neural correlates of delay of gratification 40 years later. In: *Proceedings of the National Academy of Sciences*, Vol. 108 (36), S. 14998–15003.

Csikszentmihalyi, M. (2019): Das Flow-Erlebnis: Jenseits von Angst und Langeweile: Im Tun aufgehen, 12. Aufl., Stuttgart.

Dohle, S./Hofmann, W. (2021): Schlaue Selbstkontrolle. In: *Spektrum der Wissenschaft Kompakt*, S. 4–10.

Falk, A./Kosse, F./Pinger, P. (2020): Re-revisiting the marshmallow test: A direct comparison of studies by Shoda, Mischel, and Peake (1990) and Watts, Duncan, and Quan (2018). In: *Psychological Science*, Vol. 31 (1), S. 100–104.

Jötten, F. (2015): Selbstkontrolle kann man lernen. https://www.spektrum.de/news/selbstkontrolle-kann-man-lernen/1370046.

Kotter, J. (2011): Leading Change – Wie Sie Ihr Unternehmen in acht Schritten erfolgreich verändern, München.

Metcalfe, J./Mischel, W. (1999): A hot/cool-system analysis of delay of gratification: dynamics of willpower. In: *Psychological review*, Vol. 106 (1), S. 3–19.

Mischel, W. (1958): Preference for delayed reinforcement: an experimental study of a cultural observation. In: *The Journal of Abnormal and Social Psychology*, Vol. 56 (1), S. 57–61.

Mischel, W./Ebbesen, E. (1970): Attention in delay of gratification. In: *Journal of personality and social psychology*, Vol. 16 (2), S. 329–337.

Mischel, W./Ebbesen, E./Raskoff Zeiss, A. (1972): Cognitive and attentional mechanisms in delay of gratification. In: *Journal of Personality and Social psychology*, Vol. 21 (2), S. 204–218.

Mischel, W./Shoda, Y./Peake, P. (1988): The nature of adolescent competencies predicted by preschool delay of gratification. In: *Journal of personality and social psychology*, Vol. 54 (4), S. 687–696.

Mischel, W./Shoda, Y./Rodriguez, M. (1989): Delay of gratification in children. In: *Science*, Vol. 244 (4907), S. 933–938.

Moffitt, T./Arseneault, L./Belsky, D. et al. (2011): A gradient of childhood self-control predicts health, wealth, and public safety. In: *Proceedings of the national Academy of Sciences*, Vol. 108 (7), S. 2693–2698.

Shoda, Y./Mischel, W./Peake, P. (1990): Predicting adolescent cognitive and self-regulatory competencies from preschool delay of gratification: Identifying diagnostic conditions. In: *Developmental psychology*, Vol. 26 (6), S. 978–986.

Sprenger, R. (1999): Das Prinzip Selbstverantwortung: Wege zur Motivation, 10. Aufl., Frankfurt.

Tangney, J./Baumeister, R./Boone, A. (2004): High self-control predicts good adjustment, less pathology, better grades, and interpersonal success. In: *Journal of Personality*, Vol. 72, S. 271–324.

Watts, T./Duncan, G./Quan, H. (2018): Revisiting the marshmallow test: A conceptual replication investigating links between early delay of gratification and later outcomes. In: *Psychological science*, Vol. 29 (7), S. 1159–1177.

Kapitel 10

Warum lassen wir andere in Notfällen allein?

Zeugen, die nichts gesehen haben
(John Darley & Bibb Latané)

Episode 10

Beim Meeting des selbstgesteuerten Vertriebsteams am Montag verkündet ein Kollege von Frau Baumeister, dass im abteilungsübergreifenden Arbeitskreis zur zukünftigen Entwicklung des Unternehmens der Vorschlag erarbeitet wurde, nicht weiter ausschließlich auf biologische Produkte in der Herstellung zu achten, sondern teilweise nun auch auf konventionelle Produkte zu setzen. Er begründet diese Entscheidung mit dem internationalen Wettbewerb, in dem das Unternehmen sich inzwischen befinde, sowie der Aussicht auf höhere Gewinne durch spürbare Kostensenkungen im Einkauf.
Nach dieser Verkündung schaut sich Frau Baumeister kaum wahrnehmbar in der Runde um, aber keine der anwesenden Person scheint, etwas dazu sagen zu wollen. Dabei widerspricht dieser Kurswechsel nicht nur den nach außen dargestellten Werten des Unternehmens, sondern letztlich auch einem der Hauptverkaufsargumente, da das Unternehmen vor allem junge und umweltbewusste Menschen für die eigenen Produkte begeistern kann. Auch wenn Frau Baumeister einen wahren Sturm der Entrüstung befürchtet, schweigt sie. Ihre Kollegen auch!

I. Aufbau und Ablauf des Experiments zum Bystander-Effekt

Um das Experiment von **John Darley** (1938–2018) und **Bibb Latané** (geb. 1937) vollständig verstehen zu können, muss kurz die tragische Hintergrundgeschichte erzählt werden. Am frühen Morgen des 13. März 1964 wurde im New Yorker Stadtteil Queens die 28-jährige Catherine Genovese Opfer eines furchtbaren Verbrechens. Schon während der Heimfahrt von ihrer Nachtschicht in einer Bar verfolgte sie der Täter. Nachdem sie ihr Auto vor ihrem Apartment geparkt hatte, griff der Mann sie brutal mit einem Messer an, wobei er mehrfach auf sie einstach. Ihre Hilfeschreie ließen die Nachbarn aufwachen, zahlreiche Fenster erleuchten und einen Mann dem Täter zurufen, dass er die Frau in Ruhe lassen solle. Der Täter lief kurzzeitig davon, um dann doch noch einmal umzudrehen und erneut auf die Frau einzustechen. Insgesamt dauerte der Angriff 35 Minuten.

Später war in der ursprünglichen Berichterstattung zu vernehmen, dass 38 (!) Personen als Zeugen vernommen wurden, die den Mord aus ihren umliegenden Wohnungen heraus beobachteten und so im wahrsten Sinne des Wortes zu Augenzeugen wurden. Keiner von denen aber leistete irgendeine Art von Hilfe; und nur eine einzige Person rief schließlich die Polizei. Als diese zwei Minuten später eintraf, war Catherine Genovese bereits tot und der Täter geflüchtet (vgl. für eine ausführliche Darstellung Rosenthal, 1964).

Dieses Verbrechen verurteilte die Öffentlichkeit nicht nur als Verfall von moralischen und gesellschaftlichen Normen, sondern die Tat weckte auch das Interesse der beiden damals jungen US-amerikanischen Psychologen John Darley und Bibb Latané. Während Darley sich zu diesem Zeitpunkt in den letzten Zügen seines Doktorstudiums an der renommierten Harvard Universität befand, hatte Latané seines bereits erfolgreich ein Jahr zuvor an der Universität von Minnesota abgeschlossen. Er lehrte nun an der altehrwürdigen Columbia Universität in New York. Gemeinsam strebten beide danach, fundierte Erklärungsansätze für das nur schwer nachvollziehbare Nichthelfen der Zuschauer zu finden. Ihre Grundannahme war, dass durchaus Normen existieren, die ein Eingreifen in solchen Notsituationen in der Regel unterstützen, aber diese Normen durch bestimmte Umstände abgeschwächt werden. Sie schlussfolgerten, dass »jemand anderes wird schon helfen« ein solcher Umstand sei, der das Verhalten der Zuschauer erklären könnte (vgl. Darley/Latané, 1968).

Damit sind die Ausgangsüberlegungen von Darley und Latané in mancherlei Hinsicht denen von Milgram (s. Kapitel 2) ähnlich; sie weisen aber doch auch deutliche Unterschiede auf. Während Milgram den Gehorsam gegenüber den Anweisungen einer starken Autorität untersuchte, fokussierten sich Darley und Latané auf das Gegenteil: Was passiert, wenn in kritischen Situationen und der Anwesenheit mehrerer Personen keine Autorität vorhanden ist, die Verantwortung übernimmt (vgl. Slater, 2005).

Um ihren möglichen Erklärungsansatz, dass je mehr Zuschauer bei einem Notfall anwesend sind, desto unwahrscheinlicher und langsamer wird irgendeine dieser Personen helfend eingreifen, zu überprüfen, führten Darley und Latané (1968) das folgende klassische Laborexperiment durch, das als die Entdeckung des Bystander-Effekts – auf Deutsch: Zuschauer-Effekt – Berühmtheit erlangte und vielfach in verschiedenen Kontexten bis heute wiederholt wird:

An dem ursprünglichen Experiment, das in mehreren Versuchsgruppen erfolgte und dessen Ergebnisse bereits 1968 veröffentlicht wurden, nahmen insgesamt 59 weibliche und 13 männliche Studenten aus Psychologiekursen an der Universität von New York teil. Dabei wurde einem Teilnehmer suggeriert, einer Gruppe von entweder zwei, drei oder sechs Probanden zugeordnet zu sein. Je nach Variation der Gruppengröße bildete dieser entweder mit einer als »Opfer« instruierten Person alleine, mit dem Opfer und einer weiteren eingeweihten Person oder mit dem Opfer und vier weiteren eingeweihten Personen eine Gruppe.

Als Ort wählten die Forscher ein Labor mit langem Flur und mehreren kleinen Räumen aus. Ein Versuchsassistent führte den – nicht über den wahren Zweck des Experiments eingeweihten – Teilnehmer in einen dieser Räume und stattete ihn zudem mit Kopfhörer sowie Mikrofon aus. Anschließend erklangen über dieses Kommunikationssystem die einführenden Worte des Versuchsleiters. Er erläuterte, dass es in dem Experiment darum gehe, mehr über die typischen Probleme und Herausforderungen von Studenten an der Universität zu erfahren und er zur Wahrung der Anonymität nicht an der Diskussion teilnehmen wird, um so einen offenen Austausch zu fördern. Falls Probleme oder Störungen auftreten sollten, könnten die Teilnehmer jeder Zeit aus dem Raum in den Flur treten und jeglichen Vorfall melden.

Die Personen sprachen zunächst über ihre persönlichen Probleme, kommentierten dann die Aussagen der anderen, bevor abschließend eine Diskussion stattfand. Für alle drei Runden war die Reihenfolge festgelegt: zuerst das zukünftige Opfer, dann die eingeweihten Personen und zum Schluss der Teilnehmer. Eine mechanische Vorrichtung schaltete das jeweilige Mikrofon des Sprechenden für etwa zwei Minuten ein. In diesem Zeitraum waren alle anderen Mikrofone stummgeschaltet und so eine Kommunikation untereinander nicht möglich. Damit hatten Darley und Latané den Aufbau des Experiments an die Gegebenheit des Mordes angepasst. Bei dem Mord konnten die Zeugen ebenfalls nicht kommunizieren, da sie durch verschiedene Wohnungen voneinander getrennt waren.

Im Experiment hörte der Teilnehmer zwar die Stimmen der anderen Personen, konnte aber aufgrund der räumlichen Trennung und des abgeschalteten Mikrofons – wenn die anderen Personen an der Reihe waren – diese weder sehen noch mit ihnen sprechen. Tatsächlich erzählte ausschließlich der Teilnehmer, für alle anderen wurden Tonbandsimulationen eingespielt. Dies geschah, um die Vergleichbarkeit zwischen den verschiedenen Versuchsdurchläufen zu gewährleisten. Als erstes in der Reihe schilderte eine Aufnahme der als »Opfer« instruierten Person, dass es ihr schwerfalle, sich in New York sowie an der Universität einzuleben und erwähnte verlegen, dass sie unter Krampfanfällen in Lern- und Prüfungsphasen leide. Auch die weiteren Tonbandaufnahmen der eingeweihten Personen teilten diese Einschätzung mit, allerdings ohne eine Andeutung von Krämpfen oder anderen psychischen bzw. physischen Beeinträchtigungen. Während das Opfer in der nächsten Runde zuerst noch ruhige Kommentare gab, wurde es zunehmend lauter und die Aussagen immer zusammenhangsloser, was letztendlich in der Simulation eines epileptischen Anfalls, der nach vorheriger Einschätzung von Experten nach spätestens 70 Sekunden auch klar erkennbar war, mündete. Der Anfall wurde vom Probanden gehört, wobei der allerdings davon ausging, dass auch die anderen Personen es vernehmen würden, die angeblich in Nachbarräumen saßen.

Um die Hilfsbereitschaft der Teilnehmer zu ermitteln, wurde die Zeit zwischen dem Beginn des Anfalls und dem Verlassen des Raums gemessen. Sobald der Vorfall gemeldet wurde oder wenn sechs Minuten nach Beginn des Anfalls verstrichen waren, wurde das Experiment beendet. Ein Versuchsassistent, der sich über den gesamten Zeitraum des Experiments im Flur befand, klärte dann über den wahren Charakter des Experiments auf und ging auch auf die Emotionen der Versuchsperson ein.

II. Ergebnisse

Ein Blick auf die Ergebnisse zeigt, dass durch das Experiment die ursprüngliche Vermutung von Darley und Latané bestätigt wurde. Mit anderen Worten: Je größer die Gruppe, desto weniger waren die Versuchspersonen bereit zu helfen und desto länger dauerte es auch, bis sie Unterstützung herbeiriefen. Wenn die Teilnehmer mit dem vermeintlichen Opfer allein waren, halfen sie in 85 % der Fälle vor Ende des epileptischen Anfalls in durchschnittlich knapp unter einer Minute und sogar zu 100 % innerhalb der sechs Minuten. In der 6er Gruppe – in der vermeintlich auch vier andere Personen eingreifen könnten – lag dagegen die Hilfsbereitschaft bis zum Ende des simulierten Anfalls bei unter einem Drittel. Zudem dauerte es mit durchschnittlich fast drei Minuten auch deutlich länger bis die Versuchspersonen auf den Flur gingen, um dem Assistenten den Vorfall zu melden (vgl. Abb. 10.1) Der Bystander- oder Zuschauer-Effekt, den Darley und Latané aus diesen Ergebnissen ableiteten, beschreibt das Phänomen, dass Zeugen in einem Notfall weniger häufig helfen oder eingreifen, wenn weitere Personen in dieser Situation anwesend sind, aber ebenfalls nur als Dabeistehende (engl. *bystander*) fungieren.

Gruppengröße	Hilfe geleistet bis zum Ende des Anfalls in Prozent	Zeit in Sekunden
2	85	52
3	62	93
6	31	166

Abb. 10.1 Ergebnisse des Experiments zum Bystander-Effekt (eigene Darstellung nach Darley und Latané, 1968, S. 380)

III. Was können wir aus diesem Experiment lernen?

Die zwar offensichtliche aber dennoch zentrale Erkenntnis des ursprünglichen Experiments liegt darin, dass eine Person in einer notfallartigen Situation eher bereit ist, helfend einzugreifen, wenn sie den Vorfall alleine und nicht im Beisein anderer Personen verfolgt. In einem Überblick zu verschiedenen Studien, in denen der Bystander-Effekt getestet wurde, hat ein Team um den deutschen Psychologen

Peter Fischer herausarbeitet, dass die wahrgenommene Gefahr eines Notfalls eine entscheidende Rolle im Hinblick auf die Ausprägung des Bystander-Effekts spielt. Kurz zusammengefasst lässt sich dazu sagen, dass gefährliche Notfälle tatsächlich einen *geringeren* Bystander-Effekt aufweisen als nicht-gefährliche Notfälle. Wenn wir also eine reale Gefahr wahrzunehmen meinen, sind wir faktisch eher bereit zu helfen (vgl. Fischer et al., 2011). Der zu Beginn des Kapitels geschilderte Mord zeigt aber auf tragische Weise, dass es auch in lebensgefährlichen Situationen keine Garantie auf Hilfe gibt.

Jetzt werden Sie sich sicherlich fragen, *welche Voraussetzungen* denn erfüllt sein müssen, dass jemand in Notfällen, in denen andere Personen Unterstützung brauchen, auch wirklich hilft; und nicht nur danebensteht und zuschaut. Zur Beantwortung möchten wir Ihnen die folgenden fünf Schritte des effektiven Hilfeverhaltens mit auf den Weg geben (vgl. Darley/Latané, 1970):

1. **Sie müssen die Situation erkennen:** Wenn Sie in Eile oder durch andere Aspekte abgelenkt sind, werden Sie eine Situation möglicherweise nicht wahrnehmen.
2. **Sie müssen die Situation als Notfall interpretieren:** Nicht alle Situationen sind eindeutig als Notfälle zu erkennen, insbesondere wenn die anderen umstehenden Personen nicht wie in einer Notsituation reagieren – beispielsweise betroffen wirken – kann es passieren, dass jede der anwesenden Personen annimmt, dass gar kein Problem bestünde (sog. *Pluralistische Ignoranz*).
3. **Sie müssen eigene Verantwortung übernehmen:** Wenn mehrere Personen in einer Notsituation anwesend sind, kann es passieren, dass jede Person davon ausgeht, eine andere wird schon helfend eingreifen und daher ist das eigene Eingreifen nicht notwendig (sog. *Verantwortungsdiffusion*).
4. **Sie müssen entscheiden, wie Sie helfen können:** Fehlendes Wissen oder fehlende Kompetenz können dafür sorgen, dass die nötige Hilfe faktisch nicht angeboten wird.
5. **Sie müssen handeln:** Gefahren für die eigene Personen und rechtliche Aspekte, die dem Eingreifen entgegenstehen, sind nur einige Gründe, die Sie an der Ausübung der Hilfeleistung hindern könnten.

Damit Sie in Notsituationen tatsächlich helfen, müssen alle fünf Stufen durchlaufen werden. Und wie Sie sehen, lauern auf jeder Stufe Hemmnisse, die Sie an der Hilfeleistung hindern könnten.

IV. Bedeutung und Kritik

Das ursprüngliche Experiment von Darley und Latané wurde über die Jahre in vielen verschiedenen Kontexten wiederholt und beispielsweise hinsichtlich der Gruppengröße sowie der Art der Notsituation variiert, wobei sich die Ergebnisse in der Regel ähnelten. So replizierten Latané und Darley selbst ihr Experiment, in dem sie das Interventionsverhalten männlicher Studenten in einem sich mit Rauch füllenden Warteraum entweder alleine oder mit zwei nicht reagierenden (aber vorher eingeweihten) Personen überprüften. Wie vermutet, meldeten die Versuchspersonen den Rauch seltener, wenn weitere Personen anwesend waren, als wenn sie alleine im Raum warteten. Also selbst wenn eine tatsächliche Gefahr für das eigene Leben besteht, lässt sich der Bystander-Effekt beobachten, da die Rauchentwicklung als weniger gefährlich wahrgenommen wurde, wenn andere Personen dabei waren. Im Gegensatz zu dem ursprünglichen Experiment und dem Mord an Catherine Genovese konnten sich die Personen gegenseitig sehen und somit auch der gegenseitige soziale Einfluss eine Rolle spielen (vgl. Latané/Darley, 1968).

Um diesen möglichen Einfluss besser zu verstehen, führte Latané zusammen mit der US-amerikanischen Psychologin Judith Rodin – die später in den Jahren 2011 bis 2013 laut dem Forbes Magazin zu den 100 mächtigsten Frauen der Welt zählte – ein weiteres Experiment durch. Männliche Studenten warteten bei diesem Versuchsaufbau entweder allein, mit einem Freund oder einem Fremden und hörten, wie eine Frau stürzte und vor Schmerzen schrie. Auch hier war die Wahrscheinlichkeit, der verletzten Frau zu helfen, höher, wenn die Teilnehmer den Notfall alleine mitbekamen. Allerdings zeigten sich zwischen den beiden Zweiergruppenkonstellationen deutliche Unterschiede: Freunde griffen eher und schneller ein als Fremde. Latané und Rodin führten diese Erkenntnis darauf zurück, dass in nicht ganz eindeutigen Situationen bei Freunden die anfängliche Untätigkeit geringer fehlinterpretiert wird als bei Fremden. Dies könnte bei sich untereinander unbekannten Personen zu der Einschätzung führen, dass die Situation möglicherweise doch nicht so ernst sei (vgl. Latané/Rodin, 1969). Somit verdeutlicht dieses Experiment, dass die Beziehung zwischen den Zuschauern ein weiterer Faktor für die Hilfsbereitschaft in Notsituationen ist.

Trotz der hier aufgeführten Experimente aus den späten 1960er Jahren hat der Bystander-Effekt nichts von seiner Aktualität verloren, wie weitere Untersuchungen beispielsweise im Bereich des **Cyber-Mobbings** (vgl. Obermaier et al., 2016) oder Vergleiche zu nationalen Gemeinsamkeiten und Unterschieden bei der Frage der Hilfsbereitschaft in der Öffentlichkeit anhand von Videoaufzeichnungen eindrucksvoll darlegen (vgl. Philpot et al., 2020). Allerdings wurde auch durch weitere Ausdifferenzierung gezeigt, dass nicht jede beliebige Gruppenkonstellation aus Zuschauern automatisch den gleichen Effekt hervorruft. Denken Sie dabei nur an das oben erwähnte Experiment zum Unterschied zwischen Freunden und Fremden.

Wie bei unzähligen anderen Experimenten auch, ist es notwendig, dass die Manipulation – in diesem Fall ein vorgetäuschter epileptischer Anfall – ohne das vorherige Wissen der Teilnehmer erfolgt, um eine vermutete Wirkung zu überprüfen. Dabei kann es durch eine solche Simulation zu psychischen Beeinträchtigungen der Versuchspersonen kommen, vor allem wenn die Teilnehmer – wie in diesem Experiment im Nachhinein – selbst aussagen, dass sie den Anfall für sehr real hielten. Dafür spricht nicht nur die Nervosität der Personen als die Tonbandaufnahme mit dem Notfall lief und deren Überraschung bei Aufklärung der Simulation, sondern auch, dass Experten einschätzten, dass die Simulation nach spätestens 70 Sekunden als Anfall erkannt werden müsste.

Im (ethischen) Idealfall nehmen Probanden freiwillig an Experimenten teil und werden vorab über mögliche Belastungen informiert. Wenn sich dies nicht mit dem Ziel der Untersuchung vereinbaren lässt, ist zur Wahrung ethischer Prinzipien eine nachträgliche Aufklärung der Probanden empfehlenswert. In dem Experiment von Darley und Latané fand zudem eine Berücksichtigung jeglicher Emotionen der Teilnehmer statt, die durch den Versuch geweckt wurden. Außerdem erfolgte ein Abbruch des Experiments spätestens sechs Minuten nach Beginn des simulierten Anfalls, wodurch die Zeitspanne möglicher Belastungen begrenzt wurde.

V. Was bedeutet der Bystander-Effekt für den Umgang mit Krisen?

Ein Experiment, das letztlich mit der Absicht durchgeführt wurde, das Nichteingreifen von Zuschauern bei einem Verbrechen zu erklären, lässt sich natürlich nicht direkt auf die Unternehmenspraxis übertragen. Dennoch möchten wir im Folgenden den Versuch unternehmen, auf Basis des im Experiment identifizierten Bystander-Effekts einen

Übertrag in die Praxis zum Thema Unternehmenskrisen herzustellen. Dabei soll Unternehmenskrise hier nicht nur als plötzlich auftauchender Notfall, sondern vielmehr als ein zeitlich ablaufender Prozess verstanden werden, wobei ein prophylaktisches Krisenmanagement dazu beitragen kann, ein unternehmerisches Problem zu bewältigen, bevor es zu einem Notfall oder einer handfesten Krise kommt (vgl. von der Oelsnitz, 1994).

1. Prophylaktische Krisenmanagement
Im Rahmen eines prophylaktischen Krisenmanagements ist es notwendig, entsprechende Prozesse und eindeutige Verantwortlichkeiten zu definieren, um den Bystander-Effekt in Unternehmen bestmöglich zu reduzieren und so einer potenziellen Krise entgegen zu wirken. Die Einführung einer Person als sogenannter *Advocatus Diaboli* (s. auch Kapitel 7) stellt dafür einen vielversprechenden Ansatz dar. In dieser Rolle würde die Person in Entscheidungsprozesse – zum Beispiel bei Meetings – Gegenargumente zu der vorherrschenden Meinung entwickeln und vortragen sowie auf potenziell negative Auswirkungen hinweisen.

Letztlich geht es in Anlehnung an die oben beschriebenen fünf Schritte des Hilfeverhaltens zunächst darum, die Situation bzw. ein sich anbahnendes Problem zu erkennen. In einer schnelllebigen und globalen Welt mit sich ändernden rechtlichen Rahmenbedingungen sowie Umwelt- und Sozialstandards stellt dies eine gewaltige Aufgabe dar. Dabei sind aus der Vergangenheit viele Beispiele bekannt, in denen gerade eine falsche Reaktion auf neue Anforderungen, zu finanziellen Einbußen und Reputationsverlust für das Unternehmen geführt haben oder im schlimmsten Fall in einem Skandal mündeten. Um eine solche Reputationskrise zu verhindern, kann eine (ethisch) gute Unternehmensführung – basierend auf einer Verbindung von Compliance und Integrität – einen wesentlichen Beitrag leisten (vgl. Risi, 2014).

2. Compliance – notwendig, aber leider nicht hinreichend
Der Begriff *Compliance* beschreibt dabei die Einhaltung von Gesetzen und Richtlinien sowie weiteren freiwillig vereinbarten, unternehmensinternen Regelungen. Durch Abweichungen lassen sich so mögliche Verfehlungen ermitteln. Dennoch schützt auch ein aufwendiges Compliance-System nicht immer vor Regelverstößen, da Eigenverantwortung hier keine Rolle spielt. Vielmehr geht es um die Kon-

trolle und die Berichterstattung über die Einhaltung aller Regeln, da bei Zuwiderhandlung mit entsprechenden Sanktionen zu rechnen ist. Somit birgt ein Compliance-Ansatz die Gefahr, dass Mitarbeiter möglicherweise alles tun, um die vorgegebenen Regeln einzuhalten, aber möglicherweise das Gefühl für den Sinn der Regeln verloren geht. Anders formuliert: Mit einem reinen Compliance-Ansatz wird nicht die dritte Stufe des Hilfeverhaltens (»Sie müssen eigene Verantwortung übernehmen«) erreicht.

3. Integrität als essentielle Ergänzung

Demgegenüber ist der Integritätsansatz mit der Übernahme von Verantwortung verbunden. Integrität beruht auf generellen, d.h. situationsübergeordneten Unternehmenswerten oder -prinzipien sowie auf gesellschaftlichen Verpflichtungen. Es geht darum eine Unternehmenskultur zu schaffen, die ethisches Verhalten fördert. Damit geht eine auf Vertrauen basierende und offene Kommunikation einher, bei der Mitarbeiter sich frei äußern können, wenn sie kritische Entwicklungen wahrnehmen, ohne dass sie irgendwelche (beruflichen) Konsequenzen fürchten müssen. Vielmehr sollten sie dazu ermutigt werden, sich aktiv einzubringen.

Während Werte und Prinzipien oft in Form einer »Vision« und »Mission« schriftlich festgehalten werden, gibt ergänzend oftmals ein Ethikkodex Normen zu deren Umsetzung vor, aus denen sich das individuelle Handeln ableiten soll. Obwohl dieses Dokument primär intern ausgerichtet ist und den Mitarbeitern aufzeigt, welche Mittel und Wege zur Zielerreichung zulässig sind und welche nicht, bietet es doch auch die Grundlage zum Austausch mit verschiedenen externen Interessengruppen (Kunden, Lieferanten etc.).

Um einen solchen Austausch zu ermöglichen und integres Verhalten zu fördern, bedarf es einer entsprechenden Infrastruktur, wie zum Beispiel folgende Maßnahmen:

- **Stakeholder Advisory Board:** Dies ist ein Beirat, bestehend aus respektierten Vertretern verschiedener Status- und Interessengruppen, die über die Unternehmenspolitik beraten und hinsichtlich ethischer oder gesellschaftlicher Herausforderungen ausgewogene Entscheidungen zu treffen vermögen.
- **Webseite:** Ziel ist hier die transparente Darstellung des Unternehmens und die Einladung zur Förderung des Austauschs mit externen Interessensgruppen.

- **Mitarbeiterschulungen:** Hierbei geht es u. a. um die Sensibilisierung für moralisch zweifelhaftes Verhalten, rechtliche Schulungen oder die systematische Folgenabschätzung der unternehmerischen Aktivitäten. In den allermeisten Dax-Konzernen sind solche Aktivitäten fest implementiert.

Diese Maßnahmen erhöhen die Chance, dass ein integres – also primär auf Selbstverantwortung beruhendes – Umfeld entsteht, dass zusätzlich die Mitarbeiter mit Kompetenzen ausstattet, die geeignet sind, in Situationen, die nicht unbedingt einen Notfall, wohl aber eine Abweichung von essentiellen Werten und Prinzipien darstellen, helfend eingreifen zu können. Allerdings birgt ein Integritätsansatz auch das Risiko, die Verantwortung zu sehr auf die Mitarbeiter abzuwälzen. Deren nötiges Engagement dürfte oftmals eine zusätzliche Belastung neben der (ohnehin schon fordernden) alltäglichen Arbeit darstellen. Heißt im Klartext: Selbst wenn die betroffenen Mitarbeiter an sich über hinreichend Wissen und Kompetenzen zur Hilfe verfügen, könnten sie doch die Brisanz einer bestimmten Situation übersehen – da sie schlichtweg zeitlich oder von ihrer Workload her überlastet sind. Bei einem »reinen« Compliance-Ansatz, der nicht gesamthaft in ein integres Umfeld eingebettet ist, besteht überdies immer die Gefahr, dass der Sinn und die Legitimation der festgeschriebenen Regelungen im Arbeitsalltag subjektiv verlorengehen. Daher sollte genau darauf geachtet werden, dass die vom Unternehmen selbstverfassten Regelungen so formuliert werden, dass sie im Einklang mit der bestehenden Unternehmenskultur stehen. Neue Mitarbeiter sind bspw. so zu sozialisieren, dass ihnen nicht nur die vorhandenen Unternehmenswerte »theoretisch« vermittelt werden, sondern dass sie diese Werte dann auch tatsächlich aufnehmen und im Berufsalltag durchgängig leben.

In Kürze:

- Der Bystander-Effekt besagt, dass je mehr Personen bei einem Notfall anwesend sind, es umso unwahrscheinlicher wird, dass auch nur einer der Zuschauer tatsächlich aktiv hilft. Ein Grund dafür ist die entstehende Verantwortungsdiffusion: Es könnte ja auch ein anderer (Älterer, Stärkerer, besser Positionierter etc.) machen.

- Eine Situation als Notfall identifizieren zu können, klingt nach einer leichten Übung, setzt aber oft ein hohes Maß an Sensibilisierung voraus.
- Im Zweifelsfall gilt die Devise: »lieber einmal zu viel als einmal zu wenig«. Denn nur zuzusehen und darauf zu hoffen, dass andere sich schon kümmern werden, kann in kritischen (beruflich wie privat) Situationen schwerwiegende Folgen nach sich ziehen.
- Um einer Unternehmenskrise oder größerem internen Fehlverhalten vorzubeugen, reicht es meist nicht aus, lediglich ein technisches Compliance-System gegen Regelverstöße zu implementieren. Insbesondere braucht es überdies eine auf Vertrauen aufbauende Unternehmenskultur, die kritische Mitarbeiter dazu ermutigt, auf mögliche Fehlentwicklungen hinweisen zu können, ohne persönlich negative Konsequenzen befürchten zu müssen.

Epilog Episode 10

In einem Unternehmen mit einer integren Unternehmenskultur, in der die zentralen Firmenwerte auch wirklich gelebt und nicht nur nach außen dargestellt werden, hätte Frau Baumeister ihre berechtigten Bedenken wahrscheinlich direkt vorgetragen und nicht darauf vertraut, dass ihre Kollegen schon irgendwann etwas sagen werden. Denn wenn sich letztlich niemand unmittelbar verantwortlich fühlt, könnte es am Ende zu einer Reputationskrise des Unternehmens kommen – was Frau Baumeister ja schon während des Meetings vorhergesehen hatte. Alternativ könnte sich das Team bewusst dazu entscheiden, einer bestimmten Person die Rolle des »Advocatus Diaboli« zu übertragen. Diese müsste systematisch und konsequent auf die negativen bzw. potenziell negativen Folgen der getroffenen Entscheidung hinweisen.

Falls gute ökonomische (oder möglicherweise auch soziale) Gründe für einen teilweisen Austausch von biologischen durch konventionelle Produkte im Herstellungsprozess sprechen, sollten diese mit den relevanten Interessengruppen des Unternehmens – besonders den Kunden – erläutert werden, um so eine breite Akzeptanz für die Entscheidung zu erzeugen.

VI. Literatur zum Bystander-Effekt

Darley, J./Latané, B. (1968): Bystander intervention in emergencies: Diffusion of responsibility. In: *Journal of Personality and Social Psychology*, Vol. 8 (4), S. 377–383.

Fischer, P./Krueger, J./Greitemeyer, T. et al. (2011): The bystander-effect: A meta-analytic review on bystander intervention in dangerous and non-dangerous emergencies. In: *Psychological Bulletin*, Vol. 137 (4), S. 517–537.

Latané, B./Darley, J. (1968): Group inhibition of bystander intervention in emergencies. In: *Journal of Personality and Social Psychology*, Vol. 10 (3), S. 215–221.

Latané, B./Rodin, J. (1969): A lady in distress: Inhibiting effects of friends and strangers on bystander intervention. In: *Journal of Experimental Social Psychology*, Vol. 5 (2), S. 189–202.

Latané, B./Darley, J. (1970): The Unresponsive Bystander: Why doesn't he help?, New York.

Obermaier, M./Fawzi, N./Koch, T. (2016): Bystanding or standing by? How the number of bystanders affects the intention to intervene in cyberbullying. In: *New Media & Society*, Vol. 18 (8), S. 1491–1507.

Philpot, R./Liebst, L./Levine, M. et al. (2020): Would I be helped? Cross-national CCTV footage shows that intervention is the norm in public conflicts. In: *American Psychologist*, Vol. 75 (1), S. 66–75.

Risi, D. (2014): Strategische Überlegungen für eine gute Unternehmensführung. Ein Plädoyer für die Verbindung von Compliance und Integrity. In: *Zeitschrift für Führung und Organisation*, Vol. 83 (4), S. 221–226.

Rosenthal, A. (1964): Thirty-eight Witnesses, New York.

Slater, L. (2005): Von Menschen und Ratten, Weinheim, Basel.

von der Oelsnitz, D. (1994): Prophylaktisches Krisenmanagement durch antizipative Unternehmensflexibilisierung, Bergisch Gladbach.

Kapitel 11

Kann man sich auch zu sehr mit seinem Job identifizieren?

Schlägerei im Ferienlager
(Muzafer Sherif)

Episode 11

Bedingt durch eine strategische Neuausrichtung des Unternehmens und eine damit einhergehende Aufteilung der Produktpalette in Luxus- und Alltagsküchengeräte hat die Geschäftsführung ein neues Team für den Vertrieb der Alltagsküchengeräte eingestellt. Frau Stern, die zuvor mit ihrem Team für den gesamten Vertrieb zuständig war, verantwortet nun primär das Luxussegment. In den nächsten drei Monaten übernimmt Frau Stern die Einarbeitung ihres neuen Vertriebsleiterkollegen, Herrn Schulze. Schon in dieser Zeit zeigen sich erste Unterschiede über das Verständnis einer erfolgreichen Vertriebsstrategie.
Während Herr Schulze ein Jahr später bei der Evaluation der neuen Strategie stolz die kontinuierlich positive Entwicklung seines Segments präsentiert, muss Frau Stern gestehen, dass der Umsatz im Luxussegment stagniert. Da die Geschäftsführung anschließend von Frau Stern ein Konzept zur Absatzsteigerung fordert, begibt sie sich auf die Suche nach Verbesserungspotential. Dabei möchte sie auch Herrn Schulze in seiner Abteilung besuchen. Als sie an der Teeküche des Vertriebs für Alltagsküchengeräte vorbeigeht, kann sie vom Flur aus ein Gespräch vernehmen, indem sich zwei Mitarbeiter darüber austauschen, wie es gelingen kann, Kunden verstärkt von ihren Geräten anstelle der Luxusküchengeräte zu überzeugen. Wutentbrannt kehrt Frau Stern um und denkt sich: Mal sehen, wer am Ende mehr Küchengeräte verkaufen kann!

I. Aufbau und Ablauf des Robbers-Cave-Experiments

Wie auch bei einer Vielzahl anderer in diesem Buch vorgestellter Experimente ist die Motivation für die Durchführung des Robbers-Cave-Experiments eng mit Ereignissen im Leben des Forschers verbunden. Denken Sie nur an den tragischen Mord an einer jungen Frau, der zur Erforschung des Bystander-Effekts führte (s. Kapitel 10). So ist es auch bei dem türkisch-US-amerikanischen Psychologen **Muzafer Sherif**: 1906 nahe der Stadt Izmir geboren, erlebte er den Zusammenbruch des Osmanischen Reichs, die Gründung der modernen Türkei unter Kemal Atatürk, den Nationalsozialismus in seinem Heimatland sowie den Zweiten Weltkrieg.

Alle diese Ereignisse gingen mit schrecklichen Auseinandersetzungen zwischen unterschiedlichen Bevölkerungsgruppen einher, von denen Sherif auch persönlich betroffen wurde. Nach seinem ersten akademischen Abschluss an der Universität in Istanbul emigrierte er in die USA, studierte zunächst an der Harvard Universität und erlangte dann seinen Doktortitel an der Columbia Universität. Zwischen 1937 und 1944 arbeitete Sherif wieder in der Türkei, unter anderem als Assistenzprofessor an der Universität in Ankara. Wegen Kontakten zur kommunistischen Partei wurde er zu einer mehrjährigen Gefängnisstrafe verurteilt, kam aber nach vier Monaten wieder frei und kehrte zurück in die USA. Geprägt durch diese Erfahrungen widmete sich Sherif an der Universität von Oklahoma der Erforschung zur Entstehung und Bewältigung von Konflikten (vgl. Harvey, 1989). Hierbei standen nicht Individuen, sondern Gruppen im Mittelpunkt.

Obwohl mehrere Vorgängerexperimente seit 1949 im namensgebenden Robbers Cave State Park im Südosten des US-Staates Oklahoma stattfanden, soll hier der Fokus auf ein Experiment aus dem Jahr 1954 gelegt werden, welches Sherif zusammen mit drei weiteren Kollegen und seiner Ehefrau Carolyn durchführte. In einer Art Ferienlager untersuchten die Forscher die Entstehung und Bewältigung negativer und positiver Einstellungen zweier verschiedener Gruppen. Insgesamt 22 zwölfjährige Jungen – aufgeteilt in zwei gleichgroße Gruppen, namentlich die Adler und die Klapperschlangen – nahmen an dem folgenden dreiphasigen (vgl. Abb. 11.1) Experiment teil (vgl. Sherif et al., 1961):

In der ersten Phase – dem »Kennenlernen« – kam zunächst die erste und einen Tag später auch die zweite Gruppe im Park an. Dieser zeitliche Abstand hatte den Vorteil, dass sich die beiden Gruppen nicht begegneten. So hatte die erste Gruppe bereits ihre Unterkunft

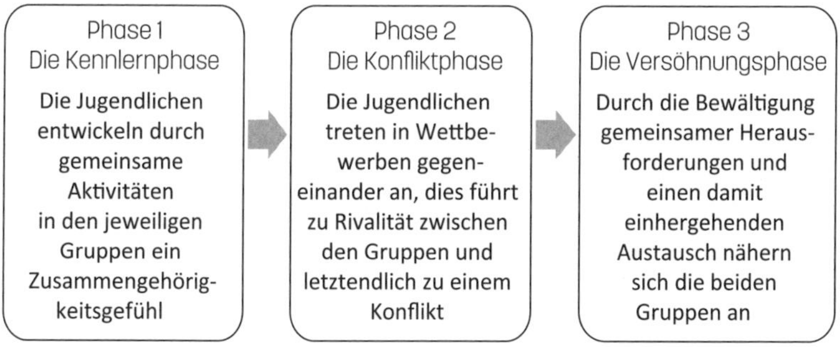

Abb. 11.1 Phasen des Robbers-Cave-Experiment (eigene Darstellung)

bezogen als die zweite erst den Park erreichte. Die Unterkünfte der beiden Gruppen waren so weit voneinander entfernt, dass kein direkter Kontakt zwischen den beiden Gruppen erfolgen konnte, die jeweils andere Gruppe aber durchaus wahrzunehmen war. In dieser ersten Phase sollten sich die Jungen innerhalb ihrer Gruppe kennenlernen und ein Zusammengehörigkeitsgefühl entwickeln. Dafür führten die Forscher, die auch gleichzeitig als Betreuer fungierten, mit den jeweiligen Gruppen gemeinschaftsfördernde Aktivitäten – wie Ausflüge an einen nahegelegenen See – durch. Diese Doppelrolle als Forscher und Betreuer stellte sie vor die Herausforderung, während der Aufzeichnung von Beobachtungen (die eigentlich der normalen Aufgabe eines Ferienlagerbetreuers zuwiderlaufen) von den Jungen nicht als Forscher enttarnt zu werden.

Um tatsächlich nur die Beziehungen *innerhalb* der jeweiligen Gruppe zu fördern, sorgte der gewählte Ort des Experiments für gute Bedingungen. So ermöglichten die enorme Weite des Robbers Cave State Park sowie der Abstand von mehr als 60 Kilometern zur nächstgrößeren Stadt, dass die Gruppen jeweils unter sich und ohne Kontakt zur Außenwelt blieben. Am Ende der Kennenlernphase, nach sechs Tagen für die erste und fünf Tagen für die zweite Gruppe, hatte sich nicht nur eine Hierarchie innerhalb der Gruppen gebildet, sondern es wurden auch bereits deutliche Symbole der Zugehörigkeit, wie zum Beispiel eine gemeinsame Fahne, geschaffen.

Diese Fahnen führten die Gruppen stets bei sich, wenn die Forscher sie in der zweiten Phase des Experiments in verschiedenen Wettbewerben in Form eines Turniers gegeneinander antreten ließen. Im Baseball oder beim Tauziehen konnten die Gruppen jeweils Punkte für eine Gesamtwertung sammeln, und die Mitglieder des siegreichen Teams erhielten als Belohnung einen Preis. Jeder dieser Wettbewerbe war so ausgestaltet, dass es nicht einem Jungen alleine möglich war, ihn zu gewinnen, stattdessen musste immer jedes Gruppenmitglied seinen Beitrag zum Erfolg leisten. Die Forscher wollten auf diese Weise herausfinden, ob sich zwischen den Gruppen mit der Zeit eine Rivalität entwickelt. Um den Konflikt zu fördern, schufen die Forscher Situationen, in denen eine Gruppe bewusst benachteiligt wurde. Beispielsweise pfiff der Schiedsrichter parteiisch für eine der Mannschaften. Dadurch kam es zunächst zu Beschimpfungen zwischen den beiden Gruppen, die sich mit zunehmender Eskalation bis zu einer Schlägerei entwickelten. Eine Gruppe überfiel sogar eines Nachts die Unterkunft der anderen Jungen und verwüstete sie vollständig. Wichtig ist an dieser Stelle noch zu erwähnen, dass die Forscher bewusst darauf achten, dass die Jungen in beiden Gruppen sich sehr ähnlich waren. Dies geschah, um ausschließen zu können, dass die auftretenden Konflikte aufgrund äußerer Merkmale oder unterschiedlicher Herkunft entstanden. So nahmen zum Beispiel an dem Experiment nur Jungen im Alter von zwölf Jahren teil, die in protestantischen Familien der Mittelschicht aufwuchsen.

Um festzustellen, ob sich die Feindseligkeiten auch wieder abbauen ließen, stellten die Forscher die Jungen vor Herausforderungen, die sie einerseits nicht ignorieren und anderseits nur gemeinsam bewältigen konnten. Obwohl die Hütten der beiden Gruppen im Park weit voneinander entfernt lagen, waren sie von der gleichen Wasserleitung abhängig. Im Laufe der Zeit sabotierten die Forscher einen der Wassertanks auf einem Hügel sowie eine Pumpe in der Nähe eines Stausees so, dass es einer Gruppe allein nicht gelingen konnte, die Wasserversorgung wiederherzustellen. Nun war guter Rat teuer; irgendwie musste eine Lösung her. Ein Meinungsaustausch zwischen den »verfeindeten Lagern« schien sinnvoll – und wurde schließlich auch praktiziert. Hierbei näherten sich die Gruppen tatsächlich einander an. Auf dem bekannten Abschlussfoto stehen alle 22 Jungen lächelnd nebeneinander.

II. Ergebnisse

Kurz zusammengefasst könnte man sagen, dass die Ergebnisse dieses Experiments letztendlich das widerspiegeln, was die Forscher auch im Vorhinein vermutet hatten. So entstanden in den beiden voneinander isolierten Gruppen durch die von den Forschern durchgeführten Aktivitäten jeweils ein »Wir-Gefühl« und eine gruppeninterne Struktur mit den entsprechenden Hierarchien. Als Zeichen der Zugehörigkeit wurden sichtbare Symbole geschaffen und u. a. ein eigenes Gruppenlied entworfen. Die Umgebung, in der sich die Gruppen in den ersten Tagen des Experiments aufhielten, wurde von den Teilnehmern als »unser Gebiet« bezeichnet.

Nach Ausrufung der anstehenden Wettbewerbe mit einer anderen Gruppe war in beiden Teams sehr schnell klar, welcher Junge seine Mannschaft zum Beispiel als Kapitän beim Baseball anführen würde. Sichtbar und demonstrativ platzierte eine Gruppe ihre Fahne umgehend in der Mitte des Spielfelds. Durch die entstehende Konkurrenz und das Wetteifern um den Preis entwickelte sich in beiden Gruppen eine »Wir-gegen-Die-Mentalität«, die durch aktiv herbeigeführte Benachteiligungen eines Teams durch die Forscher noch einmal verstärkt wurde. Während sich die eine Gruppe ungerecht behandelt fühlte, sah sich die andere Gruppe als gerechtfertigter Sieger. Diese Rivalität eskalierte über verbale Beschimpfungen bis hin zu einer Schlägerei.

In der dritten und letzten Phase des Experiments zeigte sich, dass solche Konflikte sich durchaus bewältigen lassen, indem übergeordnete Ziele gemeinsam verfolgt werden (müssen). Die Wiederherstellung der Wasserversorgung zum Beispiel schweißte die beiden Gruppen durch den gegenseitigen Austausch und den erfolgreichen Abschluss dieses Gemeinschaftsprojekts zusammen und sorgte letztlich für die Überwindung der zuvor entstandenen Rivalität.

III. Was können wir aus diesem Experiment lernen?

Die im Robbers Cave State Park durchgeführten Experimente gelten bis heute als Meilensteine der Konfliktforschung. Die Hauptursache für das Aufkommen von Konflikten sahen Sherif und sein Forschungsteam vor allem im Wettbewerb um knappe Ressourcen. Dabei geht es nicht nur um materielle Ressourcen, wie das Wetteifern der Jungen um einen Preis, sondern auch um immaterielle Werte, wie zum Beispiel Anerkennung, Aufmerksamkeit oder Prestige. Aus diesen Erkenntnissen entwickelte Sherif die sog. *Realistische Konflikttheorie* als Erklärung für zu beobachtende Konflikte zwischen Gruppen. Die Gruppen stehen sich dabei als Rivalen gegenüber, die um eine Ressource kämpfen, die sich nicht vermehren lässt – schließlich konnte in dem Experiment nur eine der beiden Gruppen den ausgerufenen Preis gewinnen. Inwiefern sich solche Rivalitäten entwickeln, ist maßgeblich von der Gruppenumwelt abhängig.

Insofern existieren in der Unternehmenspraxis durchaus Möglichkeiten zur gezielten Steuerung oder Ausbalancierung von Gruppenrivalität. Dazu gehören unter anderem die Unternehmenspolitik, die Organisationsstruktur und das Anreizsystem (vgl. Schreyögg/Koch, 2020).

IV. Bedeutung und Kritik

Es ist offensichtlich, dass die Jugendlichen bei dem hier vorgestellten Experiment nicht vorher eingeweiht werden konnten, ohne das Untersuchungsziel – eine Erklärung für die Entstehung und Bewältigung von Konflikten zwischen Gruppen – zu gefährden. Dennoch genießen Kinder und Jugendliche einen besonderen Schutzstatus. So wurden die Eltern der Jungen nicht nur darum gebeten, einen Besuch der Jugendlichen für die gesamte Zeit des Experiments zu vermeiden, sondern sie hatten zudem auch keine Kenntnis darüber, dass es sich bei dem geplanten Ferienlager überhaupt um ein Experiment handelte. Wie der ehemalige Teilnehmer Smut Smith in der ausgestrahlten ARD-Reportage zum Robbers-Cave-Experiment berichtet, wurde er erst Jahrzehnte später durch eine aktuelle journalistische Recherche darüber informiert, dass er einer der Jungen war. Aus heutiger Sicht hätten die Eltern im Vorhinein eingeweiht und die Kinder im Nachhinein nicht nur aufgeklärt, sondern auch psychologisch betreut werden müssen, um mögliche negative psychische Folgen behandeln zu können. Doch die dafür rechtliche Notwendigkeit gab es zur Zeit des Robbers-Cave-Experiments noch nicht. Erst 20 Jahre später unterzeichnete der damalige US-amerikanische Präsident Richard Nixon den *National Research Act* – ein ethisches Regelwerk darüber, was Forscher dürfen und was nicht; insbesondere, wenn sie Experimente mit Kindern und Jugendlichen durchführen.

Über die ethischen Gesichtspunkte hinaus können die Robbers-Cave-Experimente als besonders herausfordernd bezeichnet werden, was v. a. auch an der **Doppelrolle der Forscher** während des Experiments liegt. Während sie als Versuchsleiter die Gruppen lenkten, Situationen bewusst beeinflussten, teilnehmend beobachteten und Ergebnisse dokumentierten, mussten sie zeitgleich auch ihre Funktion als Ferienlagerbetreuer so wahrnehmen, dass die Jugendlichen keinen Verdacht schöpften. Darüber hinaus erwies sich die aktive Benachteiligung einer Gruppe in den Wettkämpfen als kritischer Punkt. Interessant: Da die Frustration der Gruppe mit Handicap in einem Vorgängerexperiment ein Jahr zuvor nicht (wie geplant) zur Rivalität zwischen den Gruppen, sondern zu Misstrauen gegenüber den Forschern führte, musste dieses Experiment vorzeitig abgebrochen werden.

V. Transfer: Was sagt uns das Experiment über den Umgang mit Krisen?

Bevor wir uns der offensichtlichen Frage hinter diesem Experiment widmen – wie Konflikte in Unternehmen zu verhindern sind oder, falls sie entstehen, bewältigt werden können – stehen zunächst die doch positiven Ergebnisse der ersten Phase des Experiments im Mittelpunkt.

So zeigte sich in dem Experiment, dass die Jungen bereits nach wenigen Tagen ein sichtbares Zusammengehörigkeitsgefühl entwickelten. Sie gaben der jeweiligen Gruppe einen Namen, gestalteten eine Fahne und schufen ein eigenes Lied. Diese Aspekte können nach Edgar Schein (2016), der für seine Forschung zur Organisationskultur berühmt geworden ist, als *Artefakte* gesehen werden. Artefakte stellen alle durch Sinneswahrnehmungen erfahrbaren Aspekte einer Organisationskultur dar. Dazu gehören u. a. Symbole und sichtbare Verhaltensweisen. In Scheins Dreiebenen-Modell sind Artefakte leicht beobachtbar, aber schwer zu entschlüsseln. Die darunter liegenden kollektiven Werte und Grundannahmen sind dagegen für Außenstehende kaum zu erkennen. Da aber genau diese gemeinsamen Grundannahmen den *Heiligen Gral* für das Verständnis einer Gruppenkultur bilden, muss die Frage unbeantwortet bleiben, ob es den Forschern in unserem Fall tatsächlich gelang, eine stabile Gruppenkultur durch gemeinsame Aktivitäten entstehen zu lassen; ein erstes Zusammengehörigkeitsgefühl war auf jeden Fall zu beobachten.

1. Tendenz zu Ressortdenken überwinden!

Dass ein Zusammengehörigkeitsgefühl in Unternehmen mannigfaltige Vorteile mit sich bringt, soll hier nicht bestritten werden. Vielmehr soll es im Folgenden darum gehen, auch die negative Seite der Medaille zu beleuchten. Dezentrale Organisationsstrukturen, die Fragmentierung von Arbeitsabläufen und die damit einhergehende berufliche Spezialisierung ermöglichen in den jeweiligen Organisationsbereichen zunächst eine schnelle und effektive Anpassung an Marktveränderungen. Zugleich liegt aber darin die Gefahr, dass ausschließlich der mögliche Erfolg des eigenen Bereichs gesehen wird, während die vielen existierenden Schnittstellen als Probleme oder Hemmschuh empfunden werden. Dieses sog. Ressortdenken kann dazu führen, dass ein größtmöglicher Bereichserfolg ohne Berücksichtigung auf den Gesamterfolg des Unternehmens angestrebt wird und so letztendlich Rivalitäten zwischen den Bereichen innerhalb eines Unternehmens entstehen (vgl. Schreyögg/Koch, 2020).

Doch wie lässt sich dem entgegenwirken? Offensichtlich mangelt es an einer ganzheitlichen Orientierung. Daher sollten – wie auch in dem Experiment – gemeinsame Interessen und Ziele betont werden, zu deren Erreichung jeder Bereich bzw. jede Gruppe einen wichtigen Beitrag leistet. Zudem zeigte der Austausch zwischen den Gruppen in dem Experiment eine positive Wirkung für die Reduzierung der Rivalität. Übertragen auf das Ressortdenken ließe sich die Kommunikation horizontal zwischen den Bereichen, bspw. durch gemeinsame Fortbildungen fördern. Um ein besseres Verständnis für die Belange der anderen Bereiche zu erzeugen, bietet sich das Konzept der Job Rotation zwischen den jeweiligen Arbeitsgruppen an. Dieses Konzept wird zum Beispiel sehr konsequent beim Autobauer Toyota eingesetzt. So müssen bspw. spätere Ingenieure oder Entwickler zunächst einmal bei einem Toyota-Händler hospitieren. Hier lernen die zukünftigen Technikspezialisten, worauf es einem Käufer ankommt, wenn er oder sie rundum zufrieden sein will. Auf diese Weise wird der Arbeitskontext der bisher intern als Rivale wahrgenommenen Gruppe leibhaftig erlebt sowie im besten Fall deren Interesse und Handeln aus einer bis dahin verschlossenen Perspektive nachvollziehbar.

2. Konflikte können eskalieren, doch wie lassen sie sich bewältigen?

Da das Robbers-Cave-Experiment als ein Meilenstein der Konfliktforschung gilt, soll es basierend auf dem Exkurs zum Zusammengehörigkeitsgefühl in und zwischen Gruppen nun noch kurz um die effektive Bewältigung von Konflikten gehen. Während in dem Experiment die Rivalität zwischen den Adlern und den Klapperschlangen durch Zusammenarbeit überwunden werden konnte, kann im Umkehrschluss auch beobachtet werden, dass Konflikte entstehen, indem die Kooperation zwischen Gruppen zurückgeht. Wie der österreichische Konfliktforscher **Friedrich Glasl** (2013) mit dem von ihm entwickelten Phasenmodell zeigt, ist ein Eskalationsprozess als Abwärtsbewegung zu verstehen; jede Phase stellt demnach einen Schritt in Richtung Krise dar. Dennoch würde es zu kurz greifen, nur darzustellen, wie Konflikte sich in bestimmten Phasen entwickeln. Vielmehr geht es darum, Wege aufzuzeigen, wie sich innerhalb dieser Phasen Konflikte auch bewältigen lassen (vgl. Abb. 11.3).

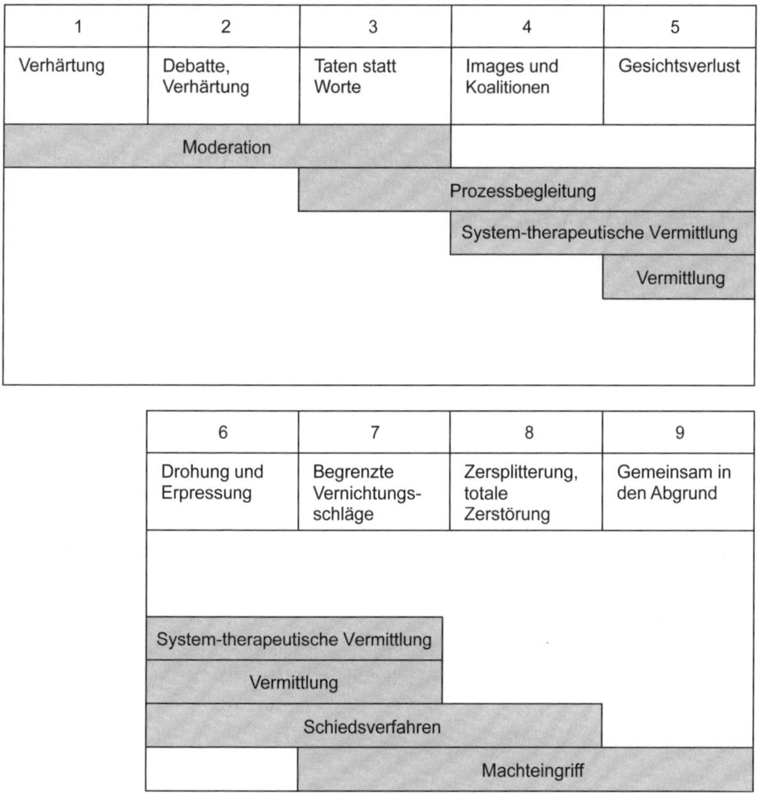

Abb. 11.3 Stufen der Konflikteskalation und Bewältigungsstrategien (eigene Darstellung nach Glasl 2013, S. 238 f. und S. 396)

3. Effektive Moderation

Selbst in gut funktionierenden Gruppen existieren manchmal Meinungsunterschiede, die nur schwerlich durch gegenseitige Umsicht auf einen gemeinsamen Nenner gebracht werden können. In der ersten Phase, der Konflikteskalation, verhärten sich die unterschiedlichen Standpunkte und sorgen für Spannungen. Dennoch sind alle Beteiligten davon überzeugt, dass diese Spannungen durch Gespräche lösbar sind. Ein auftretender Konflikt in der ersten Phase könnte z. B. die wahrgenommene Bevorzugung eines anderen Mitarbeiters oder Teams darstellen, wodurch sich die jeweils andere Partei benachteiligt führt. In der zweiten Phase kommt es zu einer Polarisierung im Denken, dem bekannten Schwarz-Weiß-Denken, zur temporären Bildung von Subgruppen entsprechend der jeweiligen Standpunkte und verbaler Gewalt in Form gegenseitiger Abwertung durch einen gewissen Unterton. Während für die ersten beiden Eskalationsstufen das Wort das Mittel der Wahl ist, wird durch bewusst provozierte und/oder unbeherrschte sowie blockierende Taten die Schwelle zur dritten Phase überschritten. Für Konflikte bis zur zweiten Eskalationsstufe sowie für weniger komplexe Konflikte der dritten Phase bietet sich eine Moderationsstrategie an. Damit diese Strategie ihren Nutzen entfalten kann, darf der Konflikt allerdings noch nicht zu weit vorangeschritten sein, da der Moderator als neutrale Person darauf vertrauen muss, dass die sich gegenüberstehenden Gruppen ihre Konflikte nach einigen Interventionsschritten selbst beilegen können (vgl. Glasl, 2013). Dazu gehören:

- Klären des Ziels, also die Lösung des Konflikts,
- Festlegen von Verhaltensregeln für den Moderationsprozess, die auch schriftlich fixiert werden sollten,
- Formulieren von Wünschen und Bedürfnissen, im besten Fall als Ich- bzw. Wir-Botschaften,
- Entwickeln und bewerten gemeinsamer Lösungsvorschläge, zum Beispiel unter Berücksichtigung der Brainstorming Technik sowie
- Festhalten der getroffenen Absprachen in Form eines Protokolls.

Die Moderation stellt die letzte Möglichkeit dar, ohne Zuhilfenahme externer Unterstützung Konflikte zu bewältigen. Daher ist eine sensibilisierte Wahrnehmung erster Anzeichen und eine schnelle Reaktion auf sich entwickelnde Spannungen zwischen Gruppen das Gebot der Stunde.

4. Systemtherapeutische Prozessbegleitung
Da in der dritten Phase die Vertreter anderer Standpunkte pauschalisiert negativ gesehen werden sowie sich zeitgleich ein positives Selbstbild entwickelt, kommt es – wie auch in dem Experiment – zu einer Wir-Gegen-Die-Situation, die sich in der vierten Phase manifestiert. Es entstehen Koalitionen und Stereotypen, wodurch es fast automatisch zum Phänomen der sich selbsterfüllenden Prophezeiungen kommt (s. Kapitel 3). Anders als in dem von der Außenwelt abgeschotteten Experiment wird auch um Anhänger für die eigene Seite geworben. Insbesondere für diese Phase bietet sich eine externe und professionelle Prozessbegleitung an.

Im Vergleich zur Moderation handelt es sich bei der Prozessbegleitung um ein längerfristiges Verfahren, das vor allem darauf abzielt, gefestigte Verhaltensweisen und Rollenbilder der Konfliktparteien wieder aufzulockern. Dazu ist es häufig notwendig, die Prozessbegleitung therapeutisch zu vertiefen, um u. a. den »sozialen Autismus« aufzubrechen. In diesem Gefangenheitszustand der seelischen Befindlichkeiten (vgl. Glasl, 2007) interessieren sich die Gruppen nur für sich selbst sowie ihre eigene Position und ergehen sich darüber hinaus oft in Selbstbemitleidung. Die systemtherapeutische Prozessbegleitung bietet sich vor allem in der fünften Eskalationsphase, dem Gesichtsverlust, an, in der sich der Konflikt auch moralisch manifestiert, so dass es schon fast als Pflicht angesehen wird, sich nach dem Prinzip Reaktion und Gegenreaktion gegenseitig Schaden zuzufügen (vgl. Glasl, 2013).

5. Vermittlung

Das deutlich radikalisierte Verhalten in der fünften Eskalationsphase des Konflikts kann auf der sechsten Stufe zu Drohungen und Erpressungen führen. Die Konfliktparteien streben nun danach, die andere Partei sowie auch die Gesamtsituation unter die eigene Kontrolle zu bekommen. Gleichzeitig schränken die geäußerten Drohungen die Handlungs- und Entscheidungsspielräume beider Parteien weiter ein, wobei es zum Wechselspiel aus Drohungen und Gegendrohungen kommt. Dennoch geht es bei den Drohmanövern i. d. R. darum, einen noch größeren Gewaltausbruch zu verhindern, der bevorstünde, falls die Drohungen keine Wirkungen mehr entfalten würden. Hier verfolgt die Vermittlung oder die klassische Mediation als Bewältigungsstrategie das Ziel, einen Kompromiss zu erringen, der die verschiedenen Interessen berücksichtigt und Koexistenz der Parteien ermöglicht (vgl. Glasl, 2013), so dass der Konflikt nicht weiter eskaliert. So ließe sich bspw. der Konflikt zwischen der Personalabteilung und dem Betriebsrat, bei dem richtungsweisende Personalentscheidungen für die zukünftige strategische Ausrichtung des Unternehmens durch immer wieder neue Betriebsvereinbarungen aufgeschoben werden müssen, und die Kommunikation auf das notwendigste reduziert sowie ausschließlich schriftlich erfolgt, durch professionelle Mediatoren mit Hilfe von verschiedenen Taktiken möglicherweise auflösen (vgl. Glasl, 2007):

- **Ignorieren**: Fokussierung auf Sachfragen und bewusstes Übersehen anderer (der Konfliktlösung hinderlicher) Aspekte,
- **Transponieren**: Umlenkung negativer Emotionen auf ungefährliche Themen, mit dem Ziel, Spannungen abzubauen,

- **Kompensieren**: Darstellung modellhaften Verhaltens, um Konfliktparteien als gutes Vorbild Lösungswege aufzuzeigen,
- **Sanktionieren**: Bestrafung störender Aktionen, häufig verstärken solche Sanktionen aber eher die negativen Emotionen,
- **Regulieren**: Vereinbarung von Verhaltensregeln für das Miteinander, entweder gemeinsam mit den Konfliktparteien entwickeln oder direkt auferlegen,
- **Doppeln**: Äußerung von Gefühlen der Konfliktparteien auf empathische Weise, um ggf. subjektive »Betroffenheit« zu erzeugen und alternative Denkanstöße zu geben.

Die weiteren Phasen der Eskalation sowie die dazugehörigen Bewältigungsstrategien sollen hier nicht weiter betrachtet werden. Da bis dahin alle Bemühungen um Vermittlung gescheitert sind, könnte vermutlich nur noch ein gerichtliches Schiedsverfahren oder der gezielte Eingriff einer hierarchisch übergeordneten Instanz den Konflikt »lösen«.

In Kürze

- Wichtig ist nicht nur ein starker Zusammenhalt in der eigenen Gruppe, sondern auch der Blick für das große Ganze. Dafür sind gemeinsame Einschätzungen und Ziele entscheidend, die nicht nur jedem bewusst sein müssen, sondern auch tatsächlich verfolgt werden. Letztlich geht es darum, immer wieder den Beitrag jedes einzelnen Mitglieds für den Gesamterfolg hervorzuheben.
- Kommunikation nimmt eine Schlüsselrolle ein, um Verständnis und Bewusstsein insbesondere für andere Gruppen zu erzeugen. Daher geht es darum, bewusst Möglichkeiten des direkten, gegenseitigen Austauschs herbeizuführen.
- Die meisten Konflikte beginnen mit kleinen Unstimmigkeiten, können sich dann aber schnell verhärten und eskalieren. Werden Konflikte nicht rechtzeitig als solche wahrgenommen, ist häufig nur noch eine Lösung mit externer Hilfe möglich.

Epilog Episode 11

Während Frau Stern weiterhin auch die Unternehmensziele im Blick hatte, richtete ihr Kollege Herr Schulze alles auf die Maximierung der eigenen Abteilungsziele aus. Durch die anfänglichen Spannungen fand zwischen den beiden Abteilungen bis zum Treffen der Geschäftsführung kaum Austausch statt. Als Frau Stern durch Zufall die Taktiken ihres Kollegen erfährt, eskaliert die Situation.

Doch auf den Weg dorthin wurden viele Möglichkeiten ausgelassen, um diesen Konflikt frühzeitig einzudämmen. Frau Stern selbst hätte bei der Einarbeitung ihres Kollegen viel stärker die übergeordneten Unternehmensziele betonen und auch anschließend auf einen regelmäßigen Austausch zwischen beiden Teams bzw. zwischen sich und Herrn Schulze achten sollen. Da eine organisationale Umgestaltung selten ohne Reibereien abläuft, hätte auch die Geschäftsführung nicht erst nach einem Jahr, sondern kontinuierlich die Entwicklung evaluieren müssen. Gemeinsame Teambuildingmaßnahmen hätten nicht nur den Einstieg für die neuen Kollegen erleichtert, sondern auch einen hilfreichen Raum für den Austausch zwischen den beiden Abteilungen eröffnet. Durch den persönlichen Kontakt wären die von Herrn Schulze und seinem Team eingesetzten Taktiken zumindest unwahrscheinlicher gewesen. Da dies aber nicht geschehen ist, benötigt das Unternehmen nun wohl externe Unterstützung, um die aufgestaute Rivalität wieder aufzulösen.

VI. Literatur zum Robbers-Cave-Experiment

Glasl, F. (2007): Metanoische Mediation – nachhaltiges Konfliktmanagement – Teil 1. In: *Zeitschrift für Konfliktmanagement*, Vol. 10 (4), S. 103–107.

Glasl, F. (2013): Konfliktmanagement. Ein Handbuch für Führungskräfte, Beraterinnen und Berater. 11. Aufl., Bern.

Harvey, O. (1989): Muzafer Sherif (1906–1988). In: *American Psychologist*, Vol. 44 (10), S. 1325–1326.

Schein, E. H. (2016): Organizational Culture and Leadership, 5. Aufl., San Francisco.

Schreyögg, G./Koch, J. (2020): Management. Grundlagen der Unternehmensführung, 8. Aufl., Wiesbaden.

Sherif, M./Harvey, O./White, B. et al. (1961): Intergroup Conflict and Cooperation: The Robbers Cave Experiment, Norman, Oklahoma.

Kapitel 12

Lässt sich fehlende Antriebskraft zurückgewinnen?

Erschöpft durch Nichtstun *(Martin Seligman)*

Episode 12

Um ein effizienteres Handeln zu ermöglichen, führt die neue und höchst ambitionierte Vorgesetzte von Frau Grün einen großangelegten Veränderungsprozess in der Verwaltung durch. Dabei geht es ihr vor allem darum, am Ende des Prozesses gute Zahlen vorlegen zu können, um sich für höhere Aufgaben im Unternehmen in Stellung zu bringen.

Für die Umsetzung wird einerseits eine neue Software eingeführt und andererseits ein sozialverträglicher Stellenabbau vorangetrieben. Herr Heinrich, der intern immer für Fragen rund um die IT ansprechbar war, nutzte die Chance, in den vorzeitigen Ruhestand zu gehen. Den noch verbliebenen Mitarbeitern wird eine abgespeckte Demoversion der neuen Software für zwei Wochen zur Verfügung gestellt, damit sie sich vorab mit dem System vertraut machen können. Da Herr Heinrich nun nicht mehr für Fragen zur Verfügung steht, sind Frau Grün und ihre Kollegen überfordert und wenden sich an ihre Chefin mit der drängenden Bitte, eine Schulung zu erhalten oder wenigstens einen Ansprechpartner für ihre zahlreichen Fragen genannt zu bekommen. Die Vorgesetzte antwortet daraufhin, dass sie es schon allein schaffen würden und sich lediglich ein bisschen mehr bemühen müssten. Als dann die Vollversion implementiert wird, hat sich schon in der ganzen Abteilung Resignation breit gemacht.

I. Aufbau und Ablauf des Experiments zur erlernten Hilflosigkeit

Der US-amerikanische Psychologe **Martin Seligman** (geb. 1942 in New York), gilt als weltweiter Experte bei der Erforschung von Depressionen. Sein Einfluss und seine Bedeutung wurden 1997 durch die Wahl zum Präsidenten der *American Psychological Association* – immerhin der weltgrößte Psychologenverband – mehr als deutlich. In seiner Antrittsrede anlässlich der Übernahme seiner Präsidentschaft 1998 ging Seligman insbesondere auf die durch ihn maßgebliche geprägte sog. *Positive Psychologie* ein, die gern auch als »Wissenschaft des gelingenden Lebens« betitelt wird. Zuvor, wie gesagt, widmete er sich in den ersten 30 Jahren seines akademischen Wirkens intensiv dem Themenfeld Depression und Pessimismus. Gemeinsam mit verschiedenen Kollegen entwickelte er in einer Reihe von (heute als Klassiker geltenden) Experimenten die *Theorie der erlernten Hilfslosigkeit.*

In einem dieser Experimente führte er zusammen mit **Steven Maier**, einem Kollegen von der Universität von Pennsylvania, bereits im Jahr 1967 diverse Versuche mit Mischlingshunden durch (vgl. Seligman/ Maier, 1967). Diese fanden in zwei Phasen statt; die insgesamt 24 Hunde wurden jeweils zu acht in die folgenden drei Gruppen eingeteilt:

- eine *Escape-Gruppe*, in der die Hunde elektrischen Stromschlägen ausgesetzt waren, wobei sie sich aus eigener Kraft wieder von den Schocks befreien konnten,
- eine *No-Escape-Gruppe*, in der die Hunde ebenfalls elektrische Stromschläge erhielten, aber keine Möglichkeiten hatten, diesen selbstständig zu entkommen, und
- eine *Kontrollgruppe*, die keine Stromschläge erhielt.

In der ersten Phase des Experiments wurden die Hunde der Escape- und der No-Escape-Gruppe in einen weiß getünchten, schallgedämpften Raum mit einer Hängematte geführt. Die Hängematte war so konstruiert, dass jedes der vier Hundebeine jeweils durch ein Loch nach unten hing. In dieser Position wurden die Beine fixiert und die Hunde zudem auch an der Hängematte festgeschnallt. Außerdem wurden an beiden Seiten des Kopfes Paneele angebracht, die über ein Joch im Nacken der Hunde miteinander verbunden waren. Über Elektroden an den Hinterpfoten wurden den Hunden elektrische Stromschläge verabreicht. Auch wenn die Hunde gefesselt wurden, waren sie nicht völlig bewegungsunfähig. Während die Hunde aus der Escape-Gruppe in der Lage waren, durch eine Seitwärtsbewegung des Kopfes und ein entsprechendes Drücken gegen die Paneele den elektrischen Schock zu beenden, blieb das Drücken gegen die Paneele in der No-Escape-Gruppe ohne Wirkung. Um sicherzustellen, dass die Hunde aus diesen beiden Gruppen die gleiche Dauer des Stromschlags erhielten, wurden Paare gebildet. Dabei war der Hund aus der No-Escape-Gruppe darauf angewiesen, dass sein Gegenpart aus der Escape-Gruppe durch Drücken der Paneele für beide den Stromschlag beendete. Somit bestand der Unterschied zwischen diesen beiden Gruppen ausschließlich darin, dass eine Gruppe die Macht hatte, die Situation – in diesem Fall den Stromschlag – selbstständig zu beeinflussen, während es der anderen Gruppe nicht möglich war. Insgesamt erhielt jeder Hund der Escape- und der No-Escape-Gruppe 64 Stromschläge in einem durchschnittlichen Intervall von 90 Sekunden, während die Kontrollgruppe keinen Stromschlägen ausgesetzt war.

In der zweiten Phase, 24 Stunden später, wurde ein Fluchttraining mit allen Hunden aus den drei Gruppen durchgeführt. Dafür wurden die Hunde einzeln in eine Box gesetzt und erhielten fünf Minuten zur Anpassung, bevor die Versuche begannen. Die Box wurde durch eine Barriere, die der Schulterhöhe der Hunde entsprach, getrennt. Zusätzlich befanden sich Lampen an beiden Enden der Box. Wenn das Licht auf einer Seite ausging, hatte der Hunde zehn Sekunden Zeit, um über die Barriere zu springen und somit jeglichen Schmerz zu entkommen. Tat er dies nicht, wurden über ein Gitter am Boden der Box Stromschläge verabreicht. Die Spannung wurde so lange angelegt, bis sich der Hund mit einem Sprung auf die andere Seite rettete oder 60 Sekunden abgelaufen waren. Insgesamt wurde dieser Fluchttest zehnmal wiederholt. Wenn ein Hund nach den ersten fünf Versuchen noch nicht einmal über die Barriere gesprungen war, wurde er kurzzeitig auf die andere Seite gesetzt, anschließend erfolgten die weiteren fünf Versuche. Nach dem zehnten Versuch wurden die Hunde aus der Box genommen und anschließend in ihre Käfige zurückgebracht.

II. Ergebnisse

In der ersten Phase des Experiments zeigte sich, dass die Hunde der Escape-Gruppe die Zeit, die sie benötigten, um ihren Kopf gegen die Paneele zudrücken und somit den Stromschlag zu beenden, im Verlauf der 64 Durchläufe deutlich senken konnten. Demgegenüber stellten die Hunde der No-Escape-Gruppe spätestens nach 30 Versuchen ihre Bemühungen ein, den Stromschlag aus eigener Kraft zu stoppen.

In der zweiten Phase wurde die durchschnittliche Zeit zwischen dem Ausgehen des Lichts und dem Sprung über die Barriere gemessen. Gelangte der Hund nicht auf die andere Seite, wurden 60 Sekunden notiert, da nach Ablauf dieser Zeit der Versuch gestoppt und der Strom ausgeschaltet wurde. Während die Hunde in der Kontroll- und der Escape-Gruppe durchschnittlich weniger als eine halbe Minute benötigten, um die Barriere zu überspringen, dauerte dies bei der No-Escape-Gruppe mit knapp 50 Sekunden fast doppelt so lang.

Dieser Unterschied wird auch mit einem Blick darauf deutlich, inwiefern es den Hunden in den jeweiligen Gruppen überhaupt gelang, sich eigenständig von den Stromschlägen zu befreien. So scheiterten in der Escape-Gruppe kein und in der Kontrollgruppe nur ein Hund daran, bei mindestens neun von zehn Versuchen die Barriere zu überspringen, während es in der No-Escape-Gruppe sechs von acht Hunden nicht gelang. Diese sechs Hunde wurden eine Woche später erneut getestet, aber trotz der Wiederholung setzte kein wirklicher Lerneffekt ein; fünf der sechs Hunde scheiterten erneut mit ihrem Befreiungsversuch.

Da der einzige Unterschied zwischen der Escape- und der No-Escape-Gruppe darin bestand, dass die Hunde der Escape-Gruppe sich in der ersten Phase des Experiments selbstständig von den elektrischen Stromschlägen befreien konnten, schlussfolgerten Seligman und Maier, dass *die erlebte Kontrolle über eine Situation* der entscheidende Faktor war, mit dem das Scheitern der No-Escape-Gruppe in der zweiten Phase erklärt werden konnte. Die Escape-Gruppe erlernte in der ersten Phase, dass sie durch eigenes Handeln den Stromschlägen entkommen kann und war somit auch motiviert, über die Barriere zu springen.

Die No-Escape-Gruppe musste dagegen in der ersten Phase erfahren, dass die Dauer des Schmerzes unabhängig vom eigenen Verhalten war. Aus diesem Grund verspürten die Hunde auch keinen Anreiz, den Schmerzen zu entkommen, vielmehr erlernten sie Hilflosigkeit. Interessanterweise kam ein Hund aus der No-Escape-Gruppe zwar einmal erfolgreich auf die andere Seite der Box, scheiterte aber im darauffolgenden Versuch. Seligman und Maier legten diesen Fall so aus, dass aufgrund von vorherigem Verlust der Kontrolle über eine Situation das zukünftige Verhalten auch nach bzw. trotz einer anschließenden (einmaligen) positiven Erfahrung beeinflusst wird.

III. Was können wir aus diesem Experiment lernen?

Die Versuche an Hunden, die auch später in abgewandelter Form mit menschlichen Probanden wiederholt wurden, haben gezeigt, dass in einer als ausweglos erscheinenden Situation rasch Resignation einsetzt. Vielmehr noch: Diese Erfahrung beeinflusst auch zukünftige Ereignisse dahingehend, dass in neuen Situationen oft gar nicht erst mehr der Versuch unternommen wird, aktiv eine positive Änderung herbeizuführen, obwohl dies oft möglich wäre. Die Hunde erlernten Ohnmachtserfahrung, die durch drei Arten von Defiziten gekennzeichnet ist (vgl. Zimbardo/Gerrig, 2004):

- motivationale Defizite: Verlust von aktivem Handeln und Leistungsbereitschaft;
- emotionale Defizite: Verlust von Mut und Entstehen von Angst;
- kognitive Defizite: Verlust von Lernerfolg in neuen Situationen.

IV. Bedeutung und Kritik

Hunde zur Durchführung von Experimenten einzusetzen, ist kein Alleinstellungsmerkmal von Seligman und Maier. Denken Sie nur an die Versuche des russischen Nobelpreisträgers für Medizin Iwan Pawlow (Stichwort: Pawlow'scher Hund). Nichtsdestotrotz ist das Experiment von Seligman und Maier aus (tier-)ethischen Überlegungen heraus, kritisch zu sehen. Dabei wird heutzutage sowohl in der Öffentlichkeit und Politik als auch in der Wissenschaft die Frage umstritten diskutiert, welche Belastungen für Tiere zumutbar sind und inwiefern diese durch menschliches Interesse und Fortschritt aufgewogen werden können. Dennoch ist das hier vorgestellte Experiment von Seligman und Maier als Kind seiner Zeit zu sehen und als dieses auch einzuordnen. Zudem sei erwähnt, dass Seligman und Maier in ihrem Privatleben Hundeliebhaber sind und später selbst sagten, dass die Hundeexperimente eine erschütternde Erfahrung für sie waren. Später führten sie ihre Versuche lieber mit Ratten oder Mäusen durch (vgl. Maier/Seligman, 2016).

Seligman und Maier waren nach ihren Erkenntnissen zur erlernten Hilflosigkeit bei Hunden verständlicherweise daran interessiert, wie sich diese auf den Menschen übertragen ließen. Daher führte Seligman zusammen mit Donald Hiroto 1975 analog zum ursprünglichen Experiment – und damit auch unter Beibehaltung der drei Gruppen – Versuche mit Studenten durch, wobei diese dabei keinen elektrischen Stromschlägen, sondern Lärm ausgesetzt waren, dem die Escape-Gruppe in der ersten Phase durch Drücken eines Knopfes entkommen konnte. Beim anschließenden Fluchttraining mussten die Studenten nicht über eine schulterhohe Barriere springen, sondern lediglich ihre Hand von einer Seite der Box auf die andere bewegen, um das Geräusch auszuschalten. Wie auch bei den Hunden zeigte sich, dass es der Escape-Gruppe und der Kontrollgruppe gelang, den Lärm auszuschalten, während die meisten Studenten der No-Escape-Gruppe daran scheiterten bzw. argumentierten: »Wenn es nicht funktioniert, warum soll ich es also versuchen?« (vgl. Hiroto/Seligman, 1975).

Fast eine Dekade nach der Veröffentlichung des durchgeführten Experiments mit Maier, schlug Seligman gemeinsam mit zwei Kollegen eine Reformulierung der Theorie zur erlernten Hilflosigkeit vor. In ihrer Neufassung betonten sie, wie sehr die Erklärungen, die die Probanden über die Ursachen ihrer Hilflosigkeit abgaben, letztlich den zeitlichen Verlauf und das Ausmaß der Hilflosigkeit vorwegnahmen. Probanden, die ihre Hilflosigkeit auf permanente Ursachen (»diese Probleme werden immer unlösbar sein«) zurückführten, zeigten langfristige Hilflosigkeit in dieser Situation. Im Gegensatz dazu wiesen Probanden, die ihre Hilflosigkeit auf temporäre Ursachen (zum Beispiel Erkältung bei der Problemlösung) zurückführten, später in dieser Situation keine Hilflosigkeit auf. Probanden, die ihre Hilflosigkeit auf lokale Faktoren zurückführten (»dieses Problem ist unlösbar«), ließen nur in der ursprünglichen Situation Passivität erkennen (vgl. Abramson et al., 1978).

V. Transfer: Was bedeutet erlernte Hilflosigkeit für den Umgang mit Krisen?

In Zeiten von Künstlicher Intelligenz, weltweiter Kommunikation und ständiger Erreichbarkeit sowie einer voranschreitenden Individualisierung unserer Gesellschaft stellt sich die Frage, wie sich all diese Veränderungen – und die damit einhergehenden Belastungen – auf den psychischen wie physischen Zustand der Beschäftigten auswirken.

Belastungen können, abweichend vom alltäglichen Sprachgebrauch, allerdings sehr wohl auch mit positiven Folgen einhergehen: z. B., wenn neue Arbeitsbedingungen (Stichwort: Home-Office) durchaus als Chance wahrgenommen werden. Mit Blick auf das Experiment von Seligman und Maier sowie weiteren Versuchen, aus denen die heutige Theorie der erlernten Hilflosigkeit entwickelt wurde, soll unser Schwerpunkt jedoch nachfolgend auf den *negativen Beanspruchungen* für die Psyche liegen bzw. auf der Frage, wie sich diese reduzieren bzw. bestenfalls sogar vermeiden lassen. Damit findet vor allem eine Betrachtung zum Umgang von Krisen auf persönlicher Ebene statt.

So haben in den letzten zehn Jahren die Krankheitstage wegen psychischer Erkrankung um fast 50 % zugenommen! Mehr als jeder zehnte Krankheitsfall in Deutschland ist inzwischen auf psychische Erkrankungen zurückzuführen. Mit durchschnittlich 30 Fehltagen pro Jahr fallen die erkrankten Personen zudem besonders lange aus. Nach Atemwegserkrankungen sowie Muskel- und Skelettproblemen liegen psychische Erkrankungen somit in Deutschland mittlerweile auf dem dritten Platz, was die Ursachen für krankheitsbedingte Fehlzeiten angeht (vgl. Meyer et al., 2023). Was bedeutet das konkret auf der Handlungsebene?

1. Nutzen der Positiven Psychologie

Einerseits geht es darum, die persönliche (psychische) Resilienz zu erhöhen und anderseits darum, Stress- und Risikofaktoren zu reduzieren oder bestenfalls zu vermeiden. Seligman selbst zeigt mit seiner entwickelten Theorie des Wohlbefindens, die aus seiner Sicht das Hauptthema der *Positiven Psychologie* ist, einen Weg auf, wie durch den Einsatz eigener Stärken Resilienz aufgebaut werden kann. In seinem lesenswerten Buch *Flourish* identifiziert er die folgenden fünf Faktoren (sog. *PERMA-Konzept*), die ein gutes Leben ausmachen und zum Aufblühen (engl. *flourishing*) führen (vgl. Seligman, 2012; Ebner, 2019):

- **Positive Gefühle:** Freude, Optimismus und Zufriedenheit wirken sich positiv auf die Leistungsbereitschaft aus. Daher sollten Führungskräfte diese positiven Gefühle regelmäßig ermöglichen, so dass Mitarbeiter sich an ihrem Arbeitsplatz wohlfühlen und Wertschätzung erfahren.
- **Engagement:** Mitarbeiter sollten so eingesetzt und gefördert werden, dass sie mit ihren Stärken bestmöglich zum Unternehmenserfolg beitragen und ihr volles Potenzial entfalten können.
- **Beziehungen:** Mitarbeiter, die sich als integraler und integrierter Teil eines Teams sehen, fühlen sich geborgen und steigern somit ihre persönliche Resilienz.

- **Sinn:** Wenn Mitarbeiter den eigenen Beitrag in Zusammenhang mit dem Unternehmenserfolg erkennen, erfahren sie eine Bestätigung für den Sinn ihrer Tätigkeit. Um dieses Erlebnis zu ermöglichen, sollten Führungskräfte Transparenz schaffen.
- **Zielerreichung:** Wenn Mitarbeiter durch das Erreichen von Zielen ihre Erfolge wahrnehmen, fördert es nicht nur ihr Selbstwertgefühl, sondern führt auch zu zukünftigem Engagement.

Um in diesem Sinn das Aufblühen von Menschen zu fördern, bedarf es u. a. einer überdachten Führungsphilosophie, wie zum Beispiel der sog. Demütigen Führung (»Humble Leadership«). Diese verkörpert eine bewusst zurückgenommene, ja dienende Haltung. Andere darin zu unterstützen, sich individuell zu verwirklichen, über die eigenen persönlichen Grenzen hinauszugehen, und letztlich nicht nur einen Sinn, sondern vielleicht sogar tiefe Erfüllung durch die Berufstätigkeit zu erleben, wird in einer unserer schnelllebigen und von kurzfristigen Moden geprägten Zeit zu einer Schlüsselforderung an Führungskräfte. Denn authentische Organisationen benötigen zuallererst authentische Leader, die sich vielfältig unterstützend einbringen und nicht primär »herrschen« oder kontrollieren wollen (vgl. von der Oelsnitz, 2022).

All diese Aspekte gelten nicht nur für unseren beruflichen Alltag, sondern meistens auch für unseren privaten. In der Positiven Psychologie geht es am Ende darum, in Beziehungen mit anderen Menschen positive Gefühle zu entwickeln und Sinn gemeinsam zu erleben. Wie bedeutend dies besonders in schwierigen Situationen ist, hat **Viktor Frankl** mit seiner *Sinntheorie bzw. Logotherapie* eindrucksvoll herausgearbeitet: Als Insasse mehrerer Vernichtungslager verschrieb er sein ganzes Tun dem alleinigen Ziel, seinen Leidensgenossen beizustehen und ihren Überlebenswillen zu stärken. Sich selbst existenziell zurück-

Kerneigenschaften	Zusätzliche Eigenschaften
• Positive Gefühle • Engagement, Interesse • Sinn, Bedeutung im Leben	• Selbstachtung • Optimismus • Resilienz • Vitalität • Selbstbestimmung • Positive Beziehungen

Abb. 12.1 Eigenschaften aufblühender Personen (Quelle: von der Oelsnitz, 2022, S. 102)

zunehmen und primär seinen Mithäftlingen zu dienen, versorgte ihn jeden Tag mit neuer Energie und Durchhaltkraft. Kurz: Er verspürte – selbst in einer unmenschlichen Umgebung – wahrhaftigen Lebenssinn (vgl. von der Oelsnitz, 2022).

2. Ein neues Verständnis von Arbeitsschutz

Nichtsdestotrotz ist der Aufbau der eigenen Widerstandsfähigkeit ein höchstpersönlicher Prozess, der auch die (therapeutische) Aufarbeitung des bisherigen Lebens beinhalten kann. Da dies teilweise außerhalb des betrieblichen Kontextes geschieht, sind auch die Unterstützungsmöglichkeiten des Unternehmens begrenzt. Dennoch sind die Entstigmatisierung psychischer Erkrankungen und eine sich daran orientierende Unternehmenskultur von essentieller Bedeutung. Zentral dafür sind Offenheit und Vertrauen. Im besten Fall ist es nicht nur selbstverständlich, zum Beispiel eine Reha wegen eines Bandscheibenvorfalls anzutreten, sondern auch, sich eine angemessene Auszeit zur Behandlung psychischer Probleme nehmen zu können (vgl. Schaff, 2019).

Dieser kulturelle Wandel sollte auch ein *neues Verständnis von Arbeitsschutz* beinhalten. Bei der Planung neuer Prozesse oder Technologien reicht es nicht aus, eine Risikobewertung allein hinsichtlich der körperlichen Beanspruchungen durchzuführen: auch psychische Beanspruchungen gilt es (gleichwertig!) zu berücksichtigen. Da wahrscheinlich wenige Unternehmen über eine ausreichende Expertise dafür verfügen, ist es angeraten, externe Unterstützung von Psychologen in Anspruch zu nehmen oder das eigene Personal systematisch zu sensibilisieren und zu schulen. Einen wesentlichen Schritt in diese Richtung stellt die *Psychologische Bewertung von Arbeitsbedingungen – Screening für Arbeitsplatzinhaber*, kurz das BASA-Verfahren, der Bundesanstalt für Arbeitsschutz und Arbeitsmedizin dar. Auch die Ausbildung psychologischer Erstbetreuer durch das Institut für Arbeit und Gesundheit der Deutschen Gesetzlichen Unfallversicherung zeigt eine Möglichkeit für Unternehmen auf, dem hier vorgestellten Verständnis von Arbeitsschutz nachzukommen.

Ein weiterer Baustein sind *regelmäßige Mitarbeitergespräche*. Dabei sollten nicht nur die wechselseitigen Erwartungen zwischen Vorgesetzten und Mitarbeitern ausgetauscht, sondern auch die Möglichkeit gegeben werden, eventuell persönlichere Themen anzusprechen. Voraussetzungen für ein solches Gespräch sind Vertrauen und eine entspannte Atmosphäre, die es vorher zu schaffen gilt. Gelingt es der Führungskraft im alltäglichen Umgang nicht, ein echtes Vertrauensverhältnis zu den Mitarbeitern aufzubauen, werden sich diese auch nicht im Rahmen von Mitarbeitergesprächen öffnen. Neben einer Reflexion über den vergangenen Zeitraum seit dem letzten Mitarbeitergespräch und einer gegenseitigen Einschätzung zur aktuellen Situation bietet sich auch ein Blick in die Zukunft an, damit die Führungskraft Rückmeldung darüber erhält, wie sie demnächst besser unterstützen und den Mitarbeitern Wege zur Bewältigung von Herausforderungen aufzeigen kann.

3. Mehr Transparenz wagen!

Ein weiterer Faktor, der bei Mitarbeitern das Gefühl auslöst, dass sie – egal, was sie versuchen – nichts verändern können, ist die mangelnde Transparenz von Entscheidungsfindungsprozessen. So äußern Mitarbeiter zwar eventuell Verbesserungsvorschläge, können aber anschließend nicht erkennen, ob oder wie sich dadurch eine Situation verändert hat. Um zu verhindern, dass die Beschäftigten in diesem Fall eine Art von Hilflosigkeit erlernen, sollten die Führungskräfte bemüht sein, nachvollziehbar darzulegen, inwiefern die Vorschläge berücksichtigt wurden und welche Gründe – falls es dann nicht zur Umsetzung des Verbesserungsvorschlags kam – dagegen gesprochen haben. Noch einmal: Offene und rechtzeitige Information ist in jedem Veränderungsprozess ein ebenso unverzichtbarer Baustein wie echte Partizipation und Entscheidungsteilhabe der Betroffenen.

In Kürze:

- Durch negative Erfahrungen (z. B. ständiger Überforderung oder Ausbleiben von Erfolg) können Menschen in einen Zustand gelangen, in dem sie zu der Auffassung kommen, dass sie die Kontrolle über die Situation verloren haben. Dieser Zustand wird als erlernte Hilflosigkeit bezeichnet und gilt auch als ein zentraler Erklärungsansatz für das Auftreten einer Depression.
- In einem weiterentwickelten Verständnis von Arbeitsschutz und Arbeitszufriedenheit werden physische und psychische Beanspruchung gleichwertig berücksichtigt. Hierdurch lässt sich in der Praxis insbesondere psychischen Erkrankungen besser vorbeugen.

- Das PERMA-Konzept bietet einen sehr brauchbaren Kompass für Führungskräfte, um ihren Mitarbeitern ein »Aufblühen« zu ermöglichen, d.h. Sinn zu stiften, individuelle Potenziale zu entfalten und letztlich so zur persönlichen Resilienz beizutragen.

Epilog Episode 12

Wenn bei der Planung des Veränderungsprozesses in der Verwaltung nicht nur die erfolgswirtschaftlichen Kennzahlen, sondern auch die körperlichen und psychischen Beanspruchungen der Mitarbeiter im Fokus gestanden hätten, wäre die Einführung der neuen Software möglicherweise zu dem versprochenen Erfolg geworden. Mit hoher Wahrscheinlichkeit wäre es zumindest nicht zur Resignation bei den Mitarbeitern gekommen.

Durch entsprechende Sensibilisierung hätte der Vorgesetzten – spätestens als Frau Grün und ihre Kollegen aktiv auf sie zukamen – klar sein können, dass es sich hierbei um einen klaren Indikator für fachliche und/oder zeitliche Überforderung handelt. Man kann ja nicht alles wissen …

VI. Literatur zu erlernter Hilflosigkeit

Abramson, L./Seligman, M./Teasdale, J. (1978): Learned helplessness in humans: Critique and reformulation. In: *Journal of Abnormal Psychology*, Vol. 87(1), S. 49–74.

Ebner, M. (2019): Positive Leadership. Erfolgreich führen mit PERMA-Lead: Die fünf Schlüssel zur High Performance, Wien.

Hiroto, D./Seligman, M. (1975): Generality of learned helplessness in man. In: *Journal of Personality and Social Psychology*, Vol. 31(2), S. 311–327.

Maier, S./Seligman, M. (2016): Learned helplessness at fifty: Insights from neuroscience. In: *Psychological Review*, Vol. 123(4), S. 349–367.

Meyer, M./Meinicke, M./Schenkel, A. (2023): Krankheitsbedingte Fehlzeiten in der deutschen Wirtschaft im Jahr 2022. In: Badura, B./Ducki, A./Baumgardt, J./Meyer, M./Schröder, H. (Hg.): *Fehlzeiten-Report 2023*, Heidelberg, S. 435–520.

Schaff, A. (2019): Arbeit 4.0: Risiken für die psychische Gesundheit. In: Hermeier, B./Heupel, T./Fichtner-Rosada, S. (Hg.): *Arbeitswelten der Zukunft*, S. 303–321.

Seligman, M. (2012): Flourish: Wie Menschen aufblühen, München.

Seligman, M./Maier, S. (1967): Failure to escape traumatic shock. In: *Journal of Experimental Psychology*, Vol. 74(1), S. 1–9.

von der Oelsnitz, D. (2022): Demut. Leise Führung für eine laute Zeit, München.

Zimbardo P./Gerrig, R. (2004): Psychologie, 16. Aufl., München.

Epilog

Was ist und was leistet ein Experiment?

Was genau ist ein Experiment? Im Wesentlichen handelt es sich um eine systematisch durchgeführte Untersuchung, bei der Forscher gezielt einzelne Faktoren, in der Fachsprache Variablen genannt, absichtlich »manipulieren«, um deren Auswirkungen zu beobachten (vgl. Sarris, 1999). Hierbei ist vor allem die Unterscheidung zwischen *unabhängigen* und *abhängigen* Variablen wichtig. Die unabhängige Variable (auch Ursache genannt) repräsentiert diejenigen Faktoren, die von einem Forscher bewusst verändert werden. Die abhängige Variable (Wirkung genannt) ist hingegen das Ergebnis oder die Reaktion, die daraufhin beobachtet wird (vgl. Hussy/Jain, 2002).

Um dies zu verdeutlichen, betrachten wir folgendes Beispiel: Nehmen wir an, Wissenschaftler möchten die Auswirkungen von Schlafentzug auf die Leistungsfähigkeit untersuchen. In diesem Fall wäre die unabhängige Variable die Zeit an Schlafentzug. Forscher könnten zum Beispiel Schlafentzugszeiten von 2, 4 und 6 Stunden festlegen. Eine derartige Manipulation der unabhängigen Variable ermöglicht es, den Zusammenhang zwischen Schlafentzug und Leistungsfähigkeit präziser zu untersuchen. Die Leistungsfähigkeit der Studienteilnehmer könnte u.a. durch anschließende Tests zur Reaktionszeit oder zur Problemlösungsfähigkeit gemessen werden. Diese Messungen dienen dazu, die Auswirkungen des Schlafentzugs auf die Leistungsfähigkeit zu quantifizieren und statistisch auszuwerten.

Ein entscheidendes Merkmal eines Experiments liegt demnach

im *aktiven Eingreifen eines Versuchsleiters oder einer Versuchsleiterin in die Untersuchungssituation.* Nun gilt es sicherzustellen, dass die beobachteten Effekte ausschließlich auf die Veränderung der unabhängigen Variable »Schlafentzug« zurückzuführen sind und nicht etwa auch durch andere Einflussfaktoren verursacht werden. Dieser Anspruch führt uns zu dem Thema Gütekriterien.

Die Qualität oder Güte eines Experiments lässt sich durch Beachtung von drei Kriterien sicherstellen: Objektivität, Reliabilität und Validität (vgl. Hussy/Jain, 2002).

- **Objektivität** (auch als *Forscherunabhängigkeit* bezeichnet) ist gegeben, wenn verschiedene Forscher unter gleichen Bedingungen bei der Durchführung ihres Experiments zu den gleichen Ergebnissen gelangen. Dies bedeutet, dass die Ergebnisse unabhängig von den jeweiligen Forschern sind und damit intersubjektiv überprüft werden können. Das Erreichen von Objektivität erfordert vor allem eine umfassende Standardisierung der Untersuchungsbedingungen. Daher ist es notwendig, dass die an der Untersuchung beteiligten Forscher sicherstellen, dass sie sich während des Experiments immer gleich verhalten, beginnend bei der Auswahl ihrer Kleidung bis hin zur Art der Kommunikation oder den verwendeten Instruktionen.
- **Reliabilität** (auch unter dem Begriff *Genauigkeit* bekannt) betrifft die Zuverlässigkeit der Ergebnisse. Ein Experiment gilt als zuverlässig, wenn bei wiederholter Durchführung unter denselben Bedingungen identische oder zumindest sehr ähnliche Resultate zum Vorschein kommen. Forscher streben nach hoher Reliabilität, um sicherzustellen, dass die gemessenen Effekte auch tatsächlich auf die untersuchten Variablen zurückzuführen sind und nicht auf zufällige Schwankungen, äußerer Einflüsse oder Messfehler.
- Die **Validität** (auch als *Gültigkeit* bezeichnet) gibt schließlich an, ob auch tatsächlich das gemessen wird, was gemessen werden soll. Validität lässt sich in zwei Bereiche unterteilen: *interne* und *externe* Validität. Mit Blick auf unser Beispiel zu den Auswirkungen von Schlafentzug auf die Leistungsfähigkeit ist die Validität von großer Bedeutung. Wenn Forscher nicht sicherstellen können, dass die Leistungsfähigkeit auch tatsächlich durch Schlafentzug beeinflusst wird – sondern zum Beispiel eher durch die Ernährungsweise der Teilnehmer –, könnte die Gültigkeit der Untersuchung und deren Schlussfolgerungen in Frage gestellt werden. Daher muss unbedingt sichergestellt werden, dass die beobachteten Veränderungen in der

Leistungsfähigkeit tatsächlich und hauptsächlich auf den Schlafentzug zurückzuführen sind. Um diese Kontrolle sicherzustellen, müssen zusätzliche Maßnahmen ergriffen werden. Beispielsweise könnten die Teilnehmer zufällig verschiedenen Gruppen zugeordnet werden. Man spricht hier von einer sog. randomisierten Zuordnung. Damit soll sichergestellt werden, dass es keine strukturellen Unterschiede zwischen den Gruppen gibt, die allein schon den beobachteten Effekt erklären könnten (also z. B. nur junge oder gebildete Personen an einem Versuch teilnehmen). Darüber hinaus werden Kontrollgruppen eingesetzt, die nicht der experimentellen Bedingung ausgesetzt sind, um Verzerrungen durch Störgrößen zu minimieren. Ein Experiment ist demnach *intern* valide, wenn Veränderungen in der abhängigen Variable allein und ausschließlich auf die Variation der unabhängigen Variable(n) zurückzuführen sind. Dies trifft in aller Regel vor allem auf Laborexperimente zu, die unter streng kontrollierten Bedingungen durchgeführt werden. Ein Experiment ist *extern* valide, wenn die Ergebnisse generalisiert werden können und auf die Gesamtheit einer Population übertragbar sind (vgl. Bortz/Döring, 2016).

Interne und externe Validität befinden sich jedoch in einer Art Spannungsverhältnis. Die Herausforderung besteht darin, dass die Steigerung der internen Validität oft auf Kosten der externen Validität geht und umgekehrt. Anders ausgedrückt: Wenn man eine Situation im Labor standardisiert und dadurch »unnatürlicher« gestaltet, kann dies dazu führen, dass die Ergebnisse nicht vollständig auf das alltägliche Leben übertragbar sind. Forscher müssen daher abwägen, welche Art der Validität für ihren Zweck vorrangig ist. Dieses Dilemma unterstreicht die Schwierigkeiten, Experimente so zu gestalten, dass sie sowohl aussagekräftige als auch praktisch relevante Ergebnisse liefern (vgl. Bortz/Döring, 2016).

Noch ein letzter Aspekt: Wie sieht es denn mit dem Unterschied zu anderen Forschungsmethoden aus? Im Gegensatz zu einem Experiment basiert etwa eine *Fragebogenumfrage* auf der Erfassung von Informationen, ohne dass eine gezielte Manipulation stattfindet. Hier werden also keine unabhängigen Variablen absichtlich verändert, sondern »allgemein« Daten gesammelt, um Zusammenhänge oder Tendenzen zu identifizieren. Dies ermöglicht es, unter anderem Korrelationen zu erkennen. Aber Vorsicht: Korrelation ist nicht gleichbedeutend mit Kausalität! Eine Korrelation zeigt lediglich, dass zwei Variablen miteinander in einer Beziehung stehen. Sie erklärt jedoch nicht, warum es eine Verbindung zwischen ihnen gibt oder in welche Richtung diese Verbindung geht (vgl. Sarris, 1999). Lassen Sie uns kurz auch diesen Aspekt an einem Beispiel verdeutlichen.

Ein fiktives Beispiel zur Unterscheidung zwischen Korrelation und Kausalität wäre die Beobachtung, dass es einen Zusammenhang zwischen der verkauften Menge an Schokoladeneis und der Zahl der Ertrinkungsfälle im Schwimmbad gibt. Hierbei zeigt die Korrelation, dass in den Sommermonaten sowohl mehr Schokoladeneis verkauft als auch mehr Ertrinkungsfälle beobachtet werden. Jedoch bedeutet dies nicht zwingend, dass der Genuss von Schokoladeneis auch die Gefahr zu ertrinken erhöht. Die eigentliche Ursache liegt wohl vielmehr darin, dass sowohl der Eis-Konsum als auch das Schwimmen in Bädern und Seen in den Sommermonaten aufgrund der warmen Temperaturen häufiger vorkommt. Die Korrelation zwischen diesen beiden Variablen ist also auf eine dritte Einflussgröße, nämlich die Außentemperatur, zurückzuführen.

Und wie sieht es mit ethischen Aspekten aus? Forscher sind verpflichtet, strenge ethische Richtlinien zu befolgen, um sicherzustellen, dass ihre Studien die Rechte und das Wohl der Teilnehmer schützen. Bei einigen Experimenten in unserem Buch kann man das durchaus bezweifeln. Der Verhaltenskodex von Wissenschaftlern war »früher« offenbar etwas rudimentär. Ein wesentliches ethisches Prinzip in Experimenten ist heutzutage die »informierte Zustimmung«. Dies bedeutet, dass Teilnehmer ausführlich über die Ziele des Experiments, den Ablauf, die potenziellen Risiken und den Datenschutz informiert werden müssen. Die Teilnahme sollte freiwillig sein, und die Zustimmung der Teilnehmer sollte auf einer gut verständlichen und klaren Erklärung basieren (vgl. Bortz/Döring, 2016).

Es ist jedoch wichtig zu beachten, dass vor einem Experiment nicht immer alle Details offengelegt werden können, um Erwartungseffekte der Studienteilnehmer zu vermeiden, die die Untersuchung negativ beeinflussen könnten. Daher arbeitet man häufig mit »blinden«, d.h. uninformierten Versuchspersonen, die keine genaueren Einblicke in die Details des Experiments haben. Nach Abschluss des Experiments ist eine Nachbesprechung wichtig, um Fragen, Zweifel oder Bedenken der Teilnehmer zu klären und den Grund sowie das Ziel der Studie zu enthüllen (vgl. Hussy/Jain, 2002)

Alles in allem sind Experimente ein wertvolles, ja bisweilen unverzichtbares Werkzeug der Sozialwissenschaften. Sie tragen maßgeblich dazu bei, kausale Erklärungen für soziale Phänomene zu liefern, Entscheidungsprozesse zu unterstützen und unser Verständnis von menschlichem Verhalten und sozialen Strukturen zu vertiefen.

Literatur zum Epilog:

Bortz, J./Döring, N. (2016): Forschungsmethoden und Evaluation, 5. Aufl., Berlin, Heidelberg.

Hussy, W./Jain, R. (2002): Experimentelle Hypothesenprüfung in der Psychologie, Göttingen.

Sarris, V. (1999): Einführung in die experimentelle Psychologie, Berlin, Wien.

Endnoten

1 In dem immer noch sehenswerten Thriller »*I wie Ikarus*« mit Yves Montand ist das Milgram-Experiment noch einmal szenisch nachzuerleben. Es nimmt hier eine etwa 20-minütige Sequenz ein. Wenngleich die Farben aufgrund des Alters des Films inzwischen ein wenig verblasst sind, lohnt sich das Anschauen bis heute. Die Drehbuchautoren haben nämlich noch eine weitere Variante erdacht: die Spaltung der Autorität! Im Film führen nämlich *zwei* Professoren das Experiment durch – und diese widersprechen sich am Ende, was den Abbruch des Versuchs angeht. Sie erinnern sich: Mit immer weiter zunehmender Fehlerquote des Schülers sollte am Ende ein tödlicher Stromschlag von 450 Volt stehen. In dem Moment jedoch, in dem sich die beiden Professoren widersprechen und hörbar über den Abbruchszeitpunkt ihres Experiments streiten (»Sie bringen ihn noch um!«), quittiert der überforderte »Lehrer« seinen Dienst. O-Ton im Film: »Werden Sie sich doch selbst erstmal einig, wie weit ich gehen kann«.
Aha: Der Proband kann nun nicht mehr die Verantwortung für sein Tun auf die Versuchsleiter abwälzen, sondern muss selbst Position beziehen – etwas, was doch vielen Menschen schwerzufallen scheint. Eine einheitliche Meinung innerhalb der Führungsspitze ist also elementar für die individuelle Gehorsamsneigung von Menschen. Verlieren deshalb zerstrittene Regierungskoalitionen auch so schnell viele Wähler?

2 In unserer heutigen Gesellschaft gibt es immer noch viele Menschen, die das Selber-Denken durch Fremd-Denken ersetzen und schlichtweg, sei es aus Bequemlichkeit, Naivität oder Eigeninteresse, auch offensichtlich unsinnige oder gar unethische Vorschriften befolgen. Ähnliches trifft leider teilweise auch auf den *Geführtentypus B* zu – „B“ steht hier für Belohnung. Dieser wird gern zum konspirierenden Mittäter, er besitzt nur eine andere Grundmotivation: schließlich möchte er im Unternehmen noch „etwas werden“. Insofern existiert ein weiterer Treiber von Gefolgschaft, den man den *materiellen* „Unter-

würfigkeits-Aspekt“ nennen könnte. Denn wer als Hierarch oder Entscheider über den Zugang zu den Exekutivmitteln der Macht verfügt, übt letztlich eine natürliche Anziehungskraft auf Personen aus, die seinen Einfluss teilen oder es sich in seinem Schatten gutgehen lassen wollen. Auch der *Geführtentypus B* verharrt nicht selten in seinem opportunistischen Konformismus und bleibt somit im Status des fügsamen Abhängigen (vgl. auch Kuhn/Weibler, 2012; Kellerman, 2004).

3 In der Praxis werden Gruppen in Organisationen häufig als Teams bezeichnet, obwohl ihnen typische Merkmale wie weitreichende Selbststeuerung, regelmäßige Abstimmungen und ein ausgeprägtes Zusammengehörigkeitsgefühl fehlen. Trotz dieser Unterschiede verwenden wir in diesem Beitrag beide Begriffe synonym.

4 Eine alternative Analyse der Tauzieh-Versuche behauptet, dass der Zufall mitgespielt hat: Die Versuchsteilnehmer langweilten sich demnach zwischen den einzelnen Versuchen in der Mittagspause und vertrieben sich die Zeit dann u. a. mit Tauziehen.

5 Genau genommen bezeichnet Thaler (1980) den Endowment-Effekt als die Untergewichtung von Opportunitätskosten im Vergleich zu realen Kosten.

6 Es ist zwischen Furcht (engl. *fear*) von Angst (engl. *anxiety*) zu unterscheiden. Angst ist das Ergebnis komplexer, mehrdeutiger und unbestimmter bedrohlicher Reize. Sie ist somit objektlos und »irrational«, weshalb der Betroffene nicht angemessen auf sie reagieren kann. Deshalb handelt es sich bei Angst auch meist um einen längerfristigen Gefühlszustand. Bei Furcht ist die Gefahr hingegen eindeutig bestimmbar. Sie richtet sich gegen ein bestimmtes Objekt, wodurch der Betroffene potenziell angemessen darauf reagieren kann (vgl. Gelbrich/Schröder, 2008).

7 Barth & Bengel (1998) sowie Gelbrich & Schröder (2008) bieten übersichtliche Zusammenfassungen der Erklärungsansätze inkl. ihrer Stärken und Schwächen.

Führen Sie authentisch!

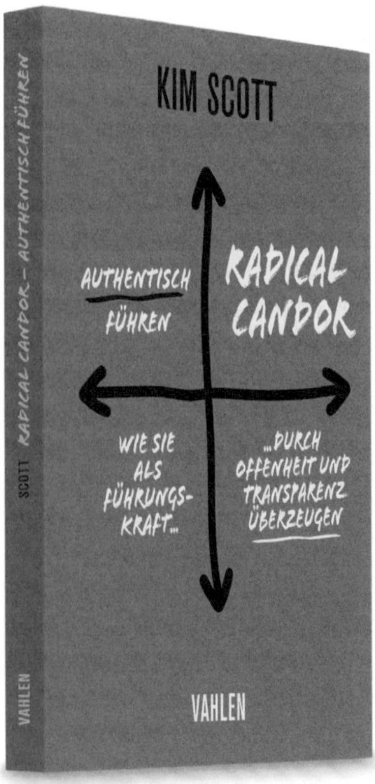

Kim Scott
Radical Candor – Authentisch führen

2024. 384 Seiten.
Kartoniert € 26,90
ISBN 978-3-8006-7281-3
Neu im August 2024

Portofreie Lieferung
≡ vahlen.de/36288728

»Radical Candor«

zeigt Führungskräften, wie sie erfolgreich sein können, während sie ihre Menschlichkeit **bewahren,** einen Sinn in ihrem Job finden und ein Umfeld schaffen, in dem Menschen ihre Arbeit und ihre Kollegen schätzen und motiviert sind, nach immer größerem Erfolg zu streben.

Konkret umsetzen

Hinter »Radical Candor« steckt eine **einfache Idee:** Um ein guter Chef zu sein, muss man sich persönlich einbringen, gleichzeitig aber auch direkt herausfordern. Dieser Rahmen kann helfen, bessere Beziehungen bei der Arbeit aufzubauen und die **drei Hauptaufgaben** als Führungskraft zu erfüllen: eine Kultur des Feedbacks (Lob und Kritik) zu schaffen, ein zusammenhaltendes Team aufzubauen und Ergebnisse zu erzielen, auf die alle stolz sind.

Vahlen